机械制图实验指导教程

主 编 ◉ 于 彦
主 审 ◉ 路慧彪

（第二版）

大连海事大学出版社

DALIAN MARITIME UNIVERSITY PRESS

图书在版编目(CIP)数据

机械制图实验指导教程／于彦主编. — 2 版. — 大
连：大连海事大学出版社，2023.2
ISBN 978-7-5632-4340-2

Ⅰ.①机… Ⅱ.①于… Ⅲ.①机械制图—实验—高等
学校–教材 Ⅳ.①TH126-33

中国国家版本馆 CIP 数据核字(2023)第 022531 号

大连海事大学出版社出版

地址：大连市黄浦路523号 邮编：116026 电话：0411-84729665(营销部) 84729480(总编室)

http://www.dmupress.com E-mail：cbs@dmupress.com

大连金华光彩色印刷有限公司印装 大连海事大学出版社发行

2015 年 2 月第 1 版	2023 年 2 月第 2 版	2023 年 2 月第 1 次印刷
幅面尺寸：184 mm×260 mm		印张：4.5 插页：4
字数：129 千		印数：1~1500 册

出版人：刘明凯

责任编辑：于孝锋 责任校对：宋彩霞
封面设计：张爱妮 版式设计：张爱妮

ISBN 978-7-5632-4340-2 定价：16.00 元

内容简介

本书为大连海事大学资助教材。本书参照教育部高等学校工科画法几何及工程制图课程指导委员会 2015 年修订的《画法几何及工程制图课程教学基本要求》，根据信息技术的发展，将机械制图理论课程与实验课程有机地结合起来，辅以典型零部件测绘实例，遵循在教材中贯彻教学法的基本原则，知识点安排符合认识规律，系统完整。

本书共分三章，主要内容有：常用测量工具及测量方法，典型零件测绘，装配体绘图。书中的图样、图线标准，表达适宜，尺寸标注和技术要求均符合国家标准中有关机械制图的要求，是机械制图理论教材的必要补充。

本书知识体系合理，表达清晰，专业术语规范，基础概念叙述严谨、简练，典例具有代表性，实用性强，不仅着重对机械制图理论知识进行阐述，还注重提高学生解决工程实际问题的能力。

本书是与大连海事大学机械大类各专业、轮机工程专业及休斯顿学院机械专业的"画法几何及机械制图"课程相配套的实验教材，也可供其他高校理工科院系设有"机械制图实验"课程的相关专业作为教材或教学参考书。

第二版前言

"机械制图实验"课程是对"机械制图"课程的继续和补充,是一门理论教学与实践教学并重的课程,而实践环节对课程的学习掌握及运用能力的形成尤为重要。

在机械图样中,图形和尺寸是相互依存、缺一不可的,测量得到的尺寸需要通过图形来记录,而图形也需要尺寸来说明,单独的尺寸和单独的图形都是没有意义的。机械零件测绘是尺寸测量、图形绘制与尺寸记录的结合,通过对零件结构的分析和尺寸测量,绘出零件草图并标注尺寸,然后根据草图,经过再设计,绘制出正式的零件图和装配图。

本书结合大连海事大学机械大类各专业特点,以各种典型的零件为例,重点围绕测绘方面的内容,通过查阅有关资料、测量实物等方法画出该零件的装配图和零件图,同时提供了零件立体模型的视频及动画,以便让学生掌握常用零件测绘工具的使用方法和步骤,提高学生绘制零件草图和零件工作图的技能技巧,从而进一步提高学生的图示能力、空间想象能力及绘图的实际技能,巩固"机械制图"课程所学的知识,为后续课程的学习打下坚实的基础;同时也为学生走向社会、综合运用所学知识、独立解决工程实际问题等做以良好的铺垫。

本次再版以第一版教材为基础,主要在最新国家标准追踪、绘图软件版本、计算机辅助绘图技术等方面做了修改和补充。为了满足线上教学及线上线下混合教学需要,书中提供了二维码,扫码可观看零件立体模型视频及动画,实现了教材立体化,突破了纸质教材的局限性,使得零件更具有直观性。

大连海事大学路慧彪教授对书稿进行了细致的审阅,并提出了宝贵的意见。本书在编写和出版过程中得到了大连海事大学教务处、出版社的大力支持,在此一并表示感谢。

书中缺点和错误在所难免,敬请读者批评、指正。

编者
2022 年 11 月

第一版前言

　　"机械制图实验"课程是对"机械制图"课程的继续和补充,是一门理论教学与实践教学并重的课程,而实践环节对课程的学习掌握及运用能力的形成尤为重要。

　　在机械图样中,图形和尺寸是互相依存、缺一不可的,测量得到的尺寸需要通过图形来记录,而图形也需要尺寸来说明,单独的尺寸和单独的图形都是没有意义的。机械零件测绘是尺寸测量、图形绘制与尺寸记录的结合,通过对零件结构的分析和尺寸测量,绘出零件草图并标注尺寸,然后根据草图,经过再设计,绘制出正式的零件图和装配图。

　　本书结合大连海事大学各近机械类专业特点,以各种典型的零部件为例,重点围绕部件测绘方面的内容,通过查阅有关资料、测量实物等方法来绘制出该部件的装配图和零件图,以便让学生掌握常用零件测绘工具的使用方法和步骤,提高学生绘制零件草图和零件工作图的技能技巧,从而进一步提高学生的图示能力、空间想象能力及绘图的实际技能,巩固"机械制图"课程所学的知识,为后续课程的学习打下扎实的基础;同时也为学生走向社会、综合运用所学知识、独立解决工程实际问题等做以良好的铺垫。

　　大连海事大学路慧彪副教授对书稿进行了细致的审阅,并提出了宝贵的意见。本书在编写和出版过程中得到了大连海事大学教务处、出版社的大力支持,在此一并表示感谢。

　　由于时间和编者水平所限,书中的缺点和错误在所难免,敬请读者批评、指正。

编者

2014 年 11 月

目　录

第1章 常用测量工具及测量方法

1.1 常用测量工具简介

1.1.1 钢直尺

钢直尺是最简单的长度量具,主要用于测量零件的长度尺寸,是用不锈钢薄板制成的一种刻度尺。钢直尺规格以测量上限(单位为"mm")表示,有 150、300、500 和 1 000 mm 四种规格。

钢直尺的尺面上有米制的刻度线,刻度线间隔一般为 1 mm,部分直尺刻度线间隔为 0.5 mm,如图 1-1 所示。它的测量结果不太准确。这是由于钢直尺的刻度线间距为 1 mm,而刻度线本身的宽度就有 0.1~0.2 mm,所以测量时读数误差比较大,只能读出毫米数,即它的最小读数值为 1 mm,比 1 mm 小的数值只能通过估计而得到。

图 1-1 钢直尺

1.1.2 卡钳

卡钳是间接量具,它本身不能直接读出测量结果,而是把量得的长度尺寸(直径也属于长度尺寸)放在钢直尺或其他带有刻度的量具上进行读数。卡钳分为外卡钳和内卡钳,如图 1-2 所示。外卡钳用来测量工件的外径和平行面,而内卡钳用来测量工件的内径和凹槽。

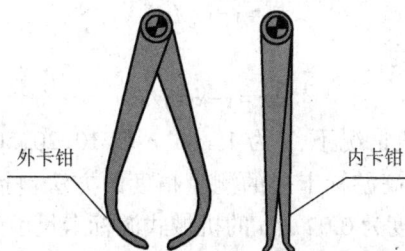

外卡钳　　　　　　内卡钳

图 1-2 卡钳

卡钳的规格有:150 mm(6 in)、200 mm(8 in)、250 mm(10 in)、300 mm(12 in)、350 mm(14 in)、400 mm(16 in)、450 mm(18 in)、500 mm(20 in)、600 mm(24 in)等。

用卡钳测量工件,虽然不很精确,但简单易行,若技术熟练,也可得到相当精确的量度。但必须注意的是:使用时要轻敲卡钳的内侧和外侧来调整开口的大小,绝不允许敲击卡钳尖端,以免影响卡钳的准确性。

1.1.3 游标卡尺

游标卡尺是比较精密的量具,主要用来测量长度、宽度、厚度、内径、外径及孔距,带深度尺的游标卡尺还可测量深度和高度的尺寸。利用游标可以读出毫米小数值,测量精度比钢直尺高。

游标卡尺的种类很多,但主要结构大同小异,如图1-3所示。

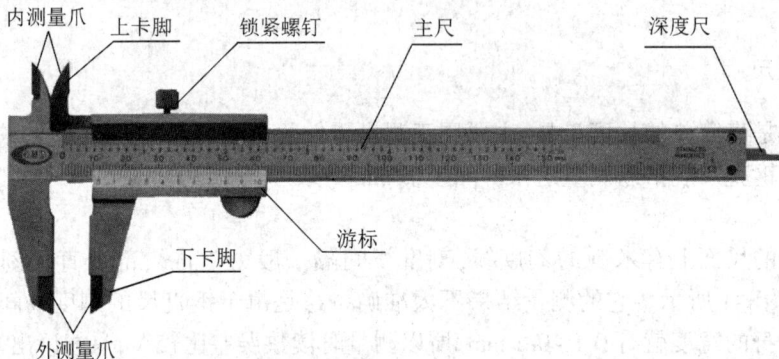

图 1-3 游标卡尺

游标卡尺由主尺和附在主尺上能滑动的游标(副尺)两部分构成。主尺一般以毫米为单位,主尺刻度全长(最大测量范围)即为游标卡尺的规格,有 0~125 mm、0~150 mm、0~200 mm、0~300 mm、0~500 mm、0~1 000 mm 等。游标上的分格数决定了游标卡尺的精度,一般有 10、20 和 50 个分格三种。根据分格的不同,分别称为十分度游标卡尺、二十分度游标卡尺和五十分度游标卡尺。

一般来说,若游标上有 n 个等分刻度,它们的总长度与主尺上 $(n-1)$ 个等分刻度的总长度相等,若游标上最小刻度长为 x,主尺上最小刻度长为 y,则

$$nx = (n-1)y,$$
$$x = y - (y/n)$$

主尺和游标的最小刻度之差为

$$\Delta x = y - x = y/n$$

y/n 叫游标卡尺的精度。一般情况下,y 为 1 mm,n 取 10、20、50,其对应的精度为0.1 mm、0.05 mm、0.02 mm。因此,提高游标卡尺的测量精度的方法包括增加游标上的刻度数或减小主尺上的最小刻度值。精度为 0.02 mm 的机械式游标卡尺由于受到本身结构精度和人的眼睛对两条刻度线对准程度分辨力的限制,其精度不能再提高。

读数时首先以游标零刻度线为准在尺身上读取毫米整数,然后看游标上第几条刻度线与尺身的刻度线对齐。以精度为 0.1 mm 的游标卡尺为例,如果第 6 条刻度线与尺身刻度线对齐,则小数部分即为 0.6 mm(若没有正好对齐的线,则取最接近对齐的线进行读数)。读数结果为

$$L = 整数部分 + 小数部分$$

判断游标上哪条刻度线与尺身刻度线对准,可用下述方法:选定相邻的三条线,如左侧的线在尺身对应线之右,右侧的线在尺身对应线之左,中间那条线便可以认为是对准了。

$$L = 对准前刻度 + 游标上第 n 条刻度线与尺身的刻度线对齐 \times 精度$$

如果需要,可测量几次并取平均值。

读取游标卡尺的数值分为三个步骤,下面以图 1-4 所示 0.02 mm 游标卡尺的某一状态为例进行说明。

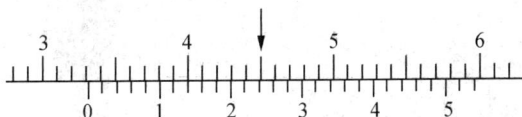

图 1-4　0.02 mm 游标卡尺的某一状态

第一步,在主尺上读出副尺零刻度线以左的刻度,该值就是最后读数的整数部分,图示为 33 mm。

第二步,副尺上一定有一条刻度线与主尺的刻度线对齐,在副尺上读出该刻度线距副尺的零刻度线以左的刻度的格数(12 格),乘以该游标卡尺的精度 0.02 mm,就得到最后读数的小数部分。或者直接在副尺上读出该刻度线的读数,图示为 0.24 mm。

第三步,将所得到的整数和小数部分相加,就得到总尺寸为 33.24 mm。

游标卡尺的主尺和游标上有两副活动量爪,分别是内测量爪和外测量爪,内测量爪通常用来测量内径,外测量爪通常用来测量长度和外径。深度尺与游标尺连在一起,可以测槽和筒的深度。测量时,右手拿住尺身,大拇指移动游标,左手拿待测外径(或内径)的物体,使待测物位于外测量爪之间,当与量爪紧紧相贴时,即可读数。具体操作如下:

(1)测量外尺寸时,两下卡脚应张开到略大于被测物体,然后自由进入工件,用固定卡胶贴靠在工件的一个表面上,再移动游标卡尺,以轻微的压力把活动卡脚推向工件的另一表面,两卡脚之间的开度即为被测尺寸,如图 1-5(a)所示;

(2)测量内尺寸时,两上卡脚应张开到略小于被测物体,再慢慢移动游标尺,张开两卡脚并轻轻地接触零件内表面,便可读出工件尺寸,如图 1-5(b)所示;

(3)测量深度时,将主尺端面紧靠在被测工件的端面上,再向零件孔(或槽)内移动游标尺,使得深度尺和孔(或槽)底部轻轻接触,然后拧紧螺钉,锁定游标,取出卡尺并读取数值,如图 1-5(c)所示。

游标卡尺是比较精密的量具,使用时应注意以下事项:

(1)使用前,应先擦干净两卡脚测量面,合拢两卡脚,检查副尺零刻度线与主尺零刻度线是否对齐,若未对齐,应根据原始误差修正测量读数。

(2)游标卡尺是比较精密的测量工具,要轻拿轻放,不得碰撞或跌落地下;使用时不要用来测量粗糙的物体,以免损坏量爪,不用时应置于干燥地方防止锈蚀。

(3)测量时,应先拧松锁紧螺钉,移动游标不能用力过猛。两量爪与待测物的接触不宜过紧。不能使被夹紧的物体在量爪内挪动;卡脚测量面必须与工件的表面平行或垂直,不得歪斜,且用力不能过大,以免卡脚变形或磨损,影响测量精度。

(4)读数时,视线应与尺面垂直。如需固定读数,可用锁紧螺钉将游标固定在尺身上,

(a) 测量工件宽度和外径

(b) 测量工件内径　　　　　　　(c) 测量工件深度

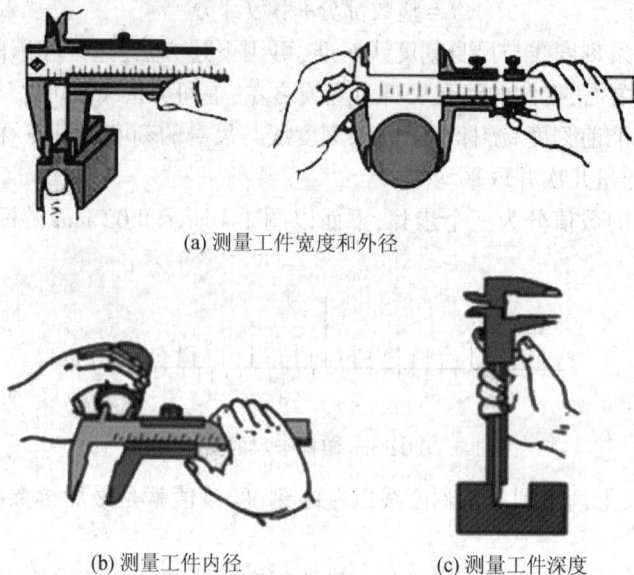

图 1-5　游标卡尺的使用

防止滑动。

（5）实际测量时，对同一长度应多测几次，取其平均值来消除偶然误差。

（6）游标卡尺用完后，应仔细擦净，抹上防护油，平放在盒内，以防生锈或弯曲。

1.1.4　螺旋测微器

螺旋测微器又称千分尺、螺旋测微仪、分厘卡，是比游标卡尺更精密的长度测量工具，主要用来测量精密零件的外径。其精确度达到 0.01 mm，测量范围为几厘米，如图 1-6 所示。

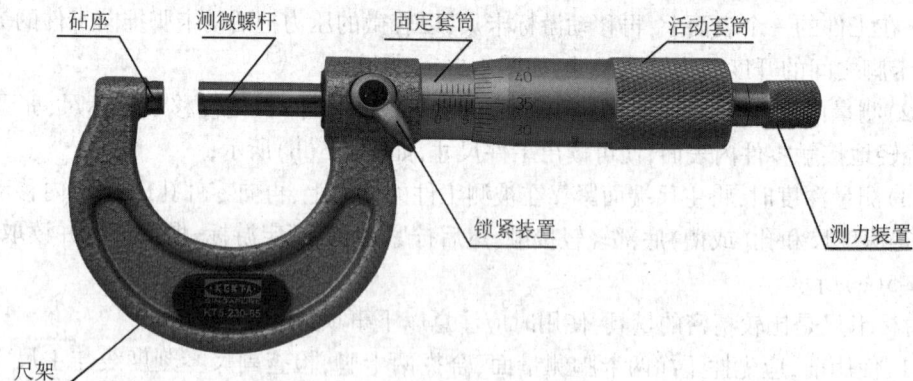

图 1-6　螺旋测微器的结构

螺旋测微器是依据螺旋放大的原理制成的，即螺杆在螺母中旋转一周，螺杆便沿着旋转轴线方向前进或后退一个螺距的距离。因此，沿轴线方向移动的微小距离，就能用圆周上的读数表示出来。螺旋测微器的精密螺纹的螺距是 0.5 mm，可动刻度有 50 个等分刻度，可动刻度旋转一周，测微螺杆可前进或后退 0.5 mm，因此旋转每个小分度，相当于测微螺杆前进或后退 0.5/50＝0.01 mm。可见，可动刻度每个小分度表示 0.01 mm，所以螺旋测微器可精确到 0.01 mm。由于还能再估读一位,即可读到毫米的千分位,千分尺的名字由此而来。

测量时,当砧座和测微螺杆并拢时,可动刻度的零点若恰好与固定刻度的零点重合,旋出测微螺杆,并使砧座和测微螺杆的测量面正好接触待测长度的两端。当测微螺杆的测量面紧贴零件表面时,测微螺杆就停止转动,这时如果再旋转测力装置就会发出"咔、咔"的响声,表示已经拧到头了,那么测微螺杆向右移动的距离就是所测的长度。这个距离的整毫米数由固定刻度读出,小数部分则由可动刻度读出。

读数时,先以活动套筒的端面为准线,读出固定套管下刻度线的分度值(只读出以毫米为单位的整数),再以固定套管上的水平横线作为读数准线,读出活动套筒上的分度值,读数时应估读到最小刻度的十分之一,即 0.001 mm。特别要注意固定刻度尺上表示半毫米的刻度线是否已经露出,如果未露出,测量结果即为下刻度线的数值加可动刻度的值,如图 1-7(a)所示;如果露出,测量结果应为下刻度线的数值加上 0.5 mm,再加上可动刻度的值,如图 1-7(b)所示。

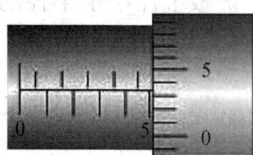

读数=5+0.01×3.3=5.033 mm
(a)

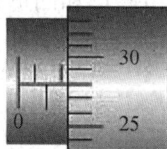

读数=1+0.5+0.01×28=1.780 mm
(b)

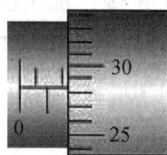

读数=1+0.5+0.01×28.3=1.783 mm

图 1-7　螺旋测微器的读数示例

使用螺旋测微器时应注意以下几点:

(1)测量时,在测微螺杆快靠近被测物体时应停止使用旋钮,而改用微调旋钮,避免产生过大的压力,既可使测量结果精确,又能保护螺旋测微器。

(2)读数时,千分位有一位估读数字,不能随便扔掉,即使固定刻度的零点正好与可动刻度某一刻度线对齐,千分位上也应读取为"0"。

(3)当砧座和测微螺杆并拢时,可动刻度的零点与固定刻度的零点不相重合,将出现零误差,应加以修正,即在最后测长度的读数上去掉零误差的数值。

1.1.5　螺纹样板

螺纹样板是指带有确定的螺距及牙型,且满足一定的准确度要求,用作螺纹标准对类同的螺纹进行测量的标准件,也是用于检验螺纹的螺距,以一种螺距为一片,把多种螺距叠加起来的专用量具。其规格分为公制牙型角 60°螺纹样规、英制牙型角 55°螺纹样规和美制牙型角 60°螺纹样规。螺纹样板的厚度为 0.5 mm,成套的螺纹样板应按螺距尺寸系列从小到大的顺序排列。成套螺纹样板如图 1-8 所示。

测量螺纹螺距时,将螺纹样板组中齿形钢片作为样板,卡在被测螺纹工件上,如果不密合,就另换一片,直到密合为止,这时该螺纹样板上标记的尺寸即为被测螺纹工件的螺距。但是,须注意把螺纹样板卡在螺纹牙廓上时,应尽可能利用螺纹工作部分长度,使测量结果较为准确;测量牙型角时,把螺距与被测螺纹工件相同的螺纹样板放在被测螺纹上面,然后检查它们的接触情况。如果没有间隙透光,被测螺纹的牙型角是准确的;如果有不均匀间隙透光,那就说明被测螺纹的牙型角不准确。但是,这种测量方法是很粗略的,只能判断牙型角误差的大概情况,不能确定牙型角误差的数值。

图1-8 成套螺纹样板

1.1.6 半径样板

半径样板是一种具有不同半径的标准圆弧薄片,主要以比较法检验圆弧的半径,也称为半径规或R规。成组的半径样板应由凸形和凹形样板组成,在保护板上注明了半径的适用范围,在每片样板上应标有样板的半径尺寸,如图1-9所示。

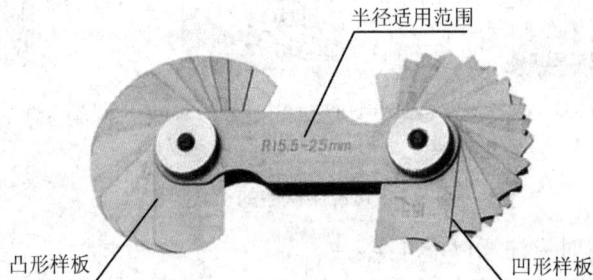

图1-9 半径样板

使用样板时,先大致估计所测曲线半径的大小,选择相应半径适用范围的半径规,再依次以不同半径尺寸的样板在工件圆弧处做检验,检验时必须使样板的测量面与工件的圆弧完全、紧密地接触。当测量面与工件的圆弧中间没有间隙时,工件的圆弧度数则为此时半径规上所表示的数字,如图1-10所示。由于是目测,故其准确度不是很高,只能做定性测量。

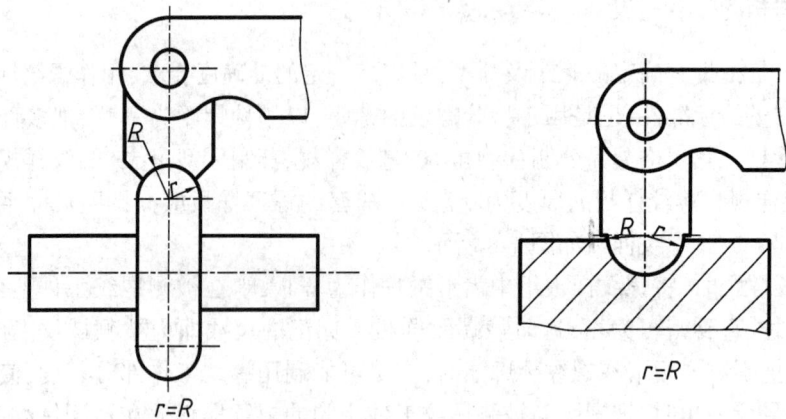

图1-10 半径规的使用

1.2　常用的测量方法与技巧

1.2.1　测量长度的量具及测量方法(见图 1-11)

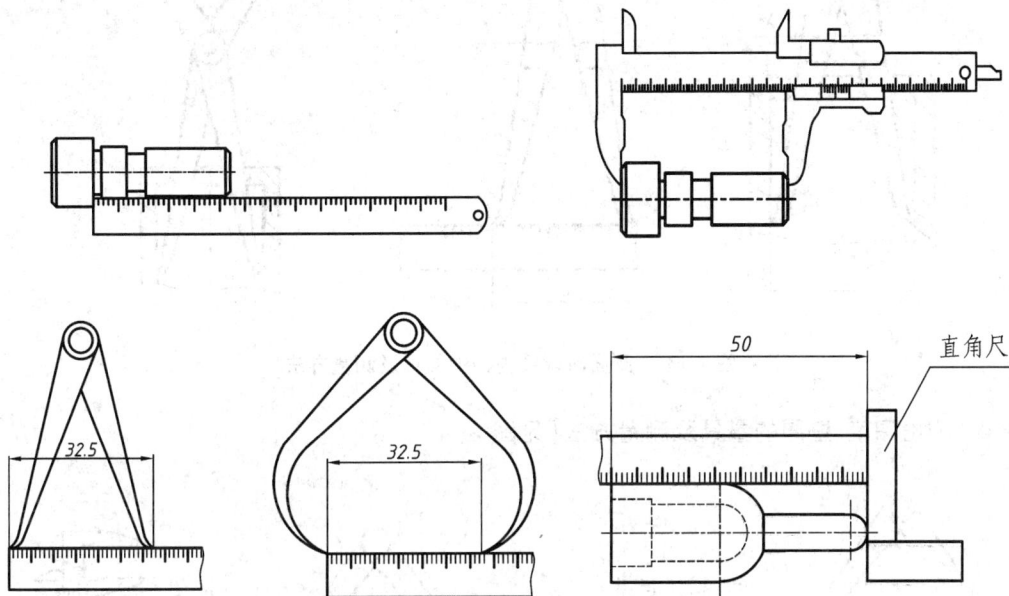

图 1-11　测量长度的量具及测量方法

1.2.2　测量外径、内径的量具及测量方法(见图 1-12)

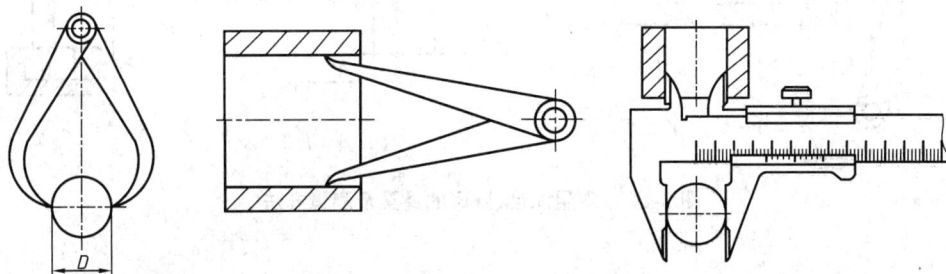

图 1-12　测量外径、内径的量具及测量方法

1.2.3　测量阶梯孔内径的量具及测量方法(见图 1-13)

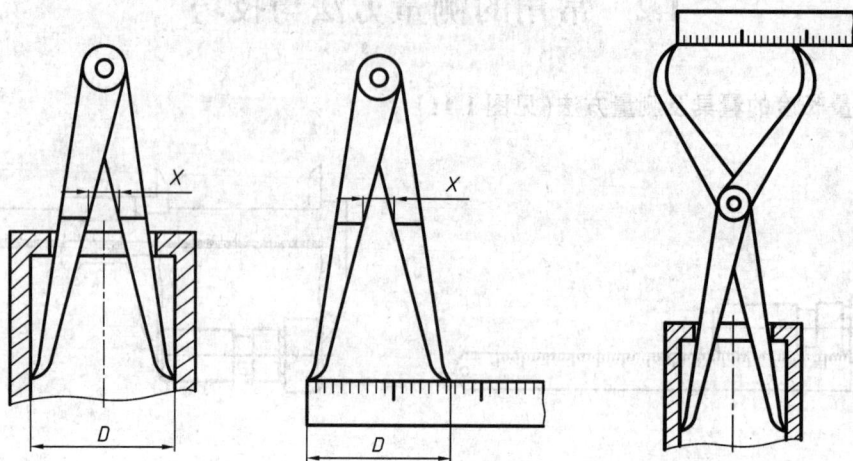

图 1-13　测量阶梯孔内径的量具及测量方法

1.2.4　测量深度、壁厚的量具及测量方法(见图 1-14)

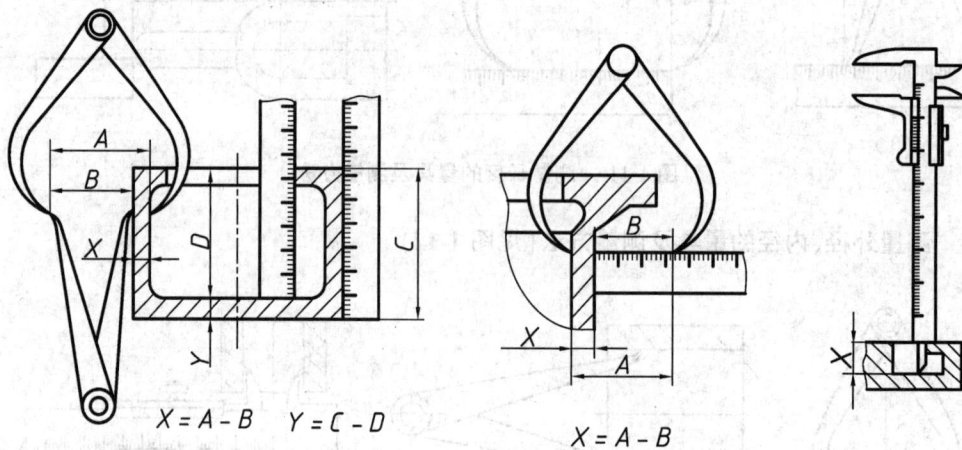

$X = A - B$　　$Y = C - D$

$X = A - B$

图 1-14　测量深度、壁厚的量具及测量方法

1.2.5　测量两孔的中心距和孔到基面的中心距的量具及测量方法（见图1-15、图1-16）

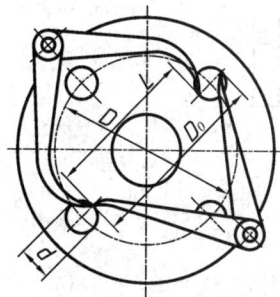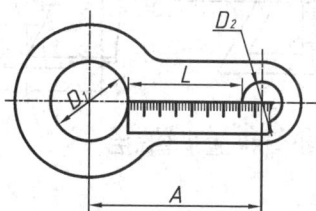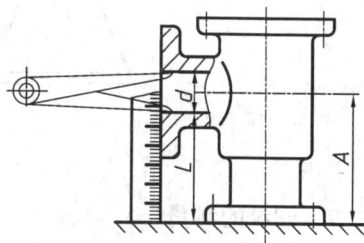

$$D=L+d=D_0$$

图1-15　测量两孔的中心距的量具及测量方法

$$A=L+\frac{D_1+D_2}{2}$$

$$A=L+\frac{d}{2}$$

图1-16　测量孔到基面的中心距的量具及测量方法

1.2.6　曲线或曲面的测量方法

当对曲线或曲面要求测得很准确时，必须用专门的测量仪器进行测量，如三坐标测量机。当要求准确度不是很高时，常采用下面三种方法测量。

1.拓印法

对于圆柱面部分的曲率半径的测量，可采用拓印法，即先将零件被测部位涂上红泥或紫色，将曲线拓印在白纸上，借以判定曲线的种类和连接情况，再测量其半径，如图1-17所示。

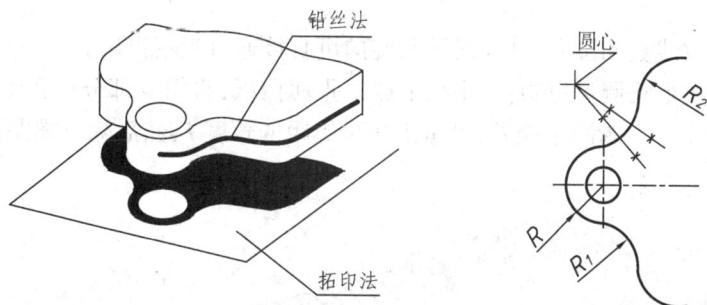

图1-17　拓印法和铅丝法

2.铅丝法

对于曲线回转面零件的外形轮廓的测定，可用软铅丝沿曲面外形弯成实形后，得到反映实形的轮廓，如图1-17所示。撤出铅丝时应防止铅丝变形。

3.直角坐标法

将被测表面上的曲线部分平放在白纸上，用铅笔描出其轮廓，逐点求出点的坐标或曲线半径及圆心；若曲线不宜在纸上绘出，可用直尺和三角板定出曲面上各点的坐标，再在纸上画出曲线或求出曲率半径，如图1-18所示。

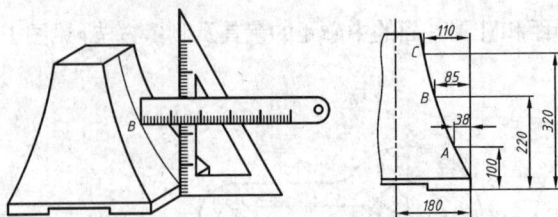

图 1-18　直角坐标法

1.2.7　螺纹的测量

螺纹的测量可使用螺纹样板,如图 1-19 所示。如果没有螺纹样板或不能用螺纹样板测量,可用游标卡尺测量大径,采用薄纸压痕法测量螺距,具体步骤如下:

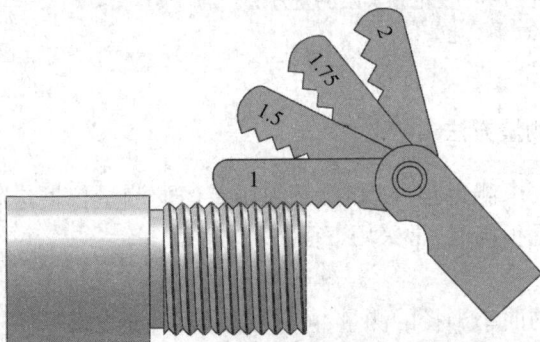

图 1-19　用螺纹样板测量牙型和螺距

(1)确定螺纹线数和旋向:螺纹线数和旋向可直接通过观察得出。

(2)用薄纸压痕法测量螺距:在平板上放一张薄白纸,将螺纹部分放在纸上压出痕迹并测量,如图 1-20 所示。为减小误差,可量出多个螺距的长度 L,然后除以螺距的数量 n,则螺距 $P=L/n$。

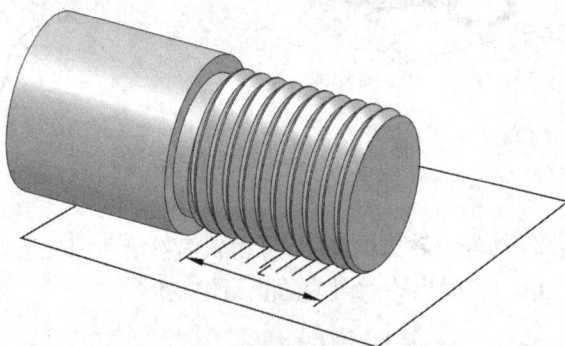

图 1-20　用直尺测量螺距

（3）查标准螺纹表，确定代号：根据牙型、螺距和大径（或小径），查表确定螺纹代号。

通常不测内螺纹，对相配的螺纹，用已测得的外螺纹来代替内螺纹的参数。

例：一单线左旋螺纹，其牙型为三角形，测得大径为 42 mm，螺距为 2.1 mm。根据国标规定，牙型为三角形的螺纹有普通螺纹和管螺纹，其中公称直径为 42 mm 的细牙普通螺纹（$P=2$）的尺寸和测量值最为接近，故牙型可以定为细牙普通螺纹，螺纹代号为 M42×2-左。

1.3　测量注意事项

(1)根据被测零件的精度不同,选择使用不同的测量工具。

(2)零件的制造缺陷,如砂眼、气孔、刀痕等,以及长期使用所造成的磨损,都不应画出。

(3)零件上因制造、装配的需要而形成的工艺结构,如铸造圆角、倒角、倒圆、退刀槽、凸台、凹坑等都必须画出,不能忽略。

(4)在测量尺寸时,应正确选择测量基准,以减小测量误差。对零件磨损部位的尺寸,应参考其配合零件的相关尺寸,或参考有关技术资料予以确定。

(5)关键零件的尺寸、零件的重要尺寸以及精密尺寸,应反复测量若干次,直到数据稳定可靠,然后选取其中数值较为一致者或取其平均值。

(6)整体尺寸应直接测量,不能用中间尺寸叠加而得。

(7)对于复杂零件,必须采用边测量边画放大图的方法,以便及时发现问题;对于精密配合面,应随时考证测量数据的正确性。

(8)在测量较大的孔、轴、长度等的尺寸时,必须考虑其几何形状误差的影响,应多测几个点,取平均值。

(9)由于铸件的毛面和非功能尺寸都存在较大的误差,因此对这类尺寸,所测得的数值都要圆整到整数。通常尺寸大于 20 mm 时,其测量数值尾数为 2、5、8 或 0。

(10)零件间相配合结构的基本尺寸必须一致,并应精确测量,查阅有关手册,给出恰当的尺寸偏差;零件上的非配合尺寸,如果测得的是小数,应圆整为整数标出。

(11)零件上的标准结构要素,如螺纹、退刀槽、越程槽、倒角、圆角等,在测量后均需查表予以校正,尺寸一定要符合各自标准的规定,量注时,参考有关的机械设计手册;对于功能尺寸,必须圆整到公称尺寸。关于尺寸公差,可根据配合性质查表确定。

第 2 章 典型零件测绘

　　测绘就是根据实际零件,通过测量,绘制出实物图样的过程,是一个认识零件和再现零件的过程。测绘与设计不同,测绘是先有零件,再画成图样。在生产过程中,当维修机器需要更换某一零件或对现有机器进行仿制时,常常需要对零件进行测绘。

　　零件测绘是机械制图实验课的一个重要组成部分。为了更好地表达零件测绘过程中不同表达方法的特点,本章将分别以轴套类零件、盘盖类零件、叉架类零件和箱体类零件为例,按照零件测绘的流程,介绍零件测绘的方法和步骤。

2.1　轴套类零件测绘

2.1.1　轴套类零件的结构特征

　　常见的轴套类零件有小轴、柱塞、柱塞套、钻模套以及蜗杆轴等,如图 2-1 所示。它们的主体多数是由共轴的回转体组成的,通常为圆柱体或圆锥体。在这类零件上通常有圆角、倒角、退刀槽、键槽、销孔、螺纹等结构要素,这些结构都是为了便于加工和安装其他零件而设计的。

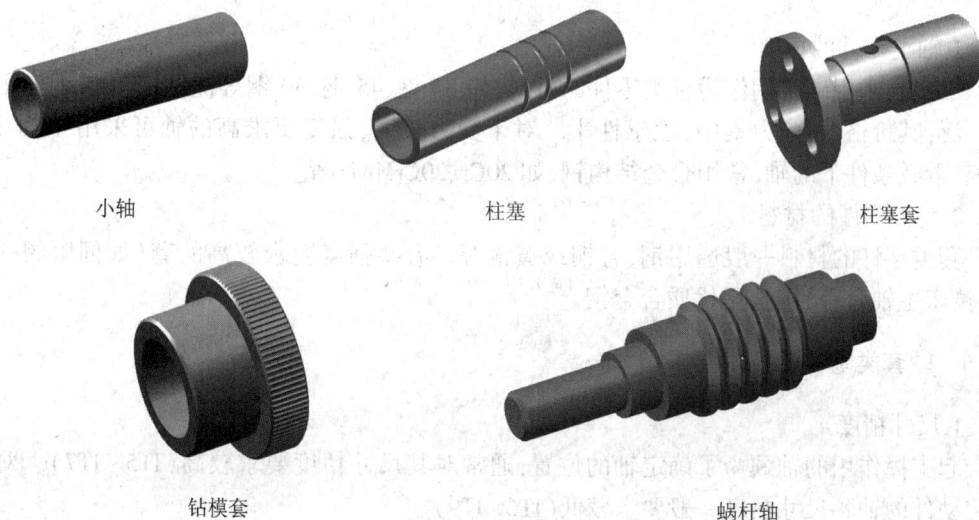

小轴　　　　　　　　　柱塞　　　　　　　　　柱塞套

钻模套　　　　　　　　　　　　蜗杆轴

图 2-1　轴套类零件

2.1.2 轴套类零件的表达方法

1.主视图的选择

由于轴套类零件的主要加工工序多数在车床、磨床上进行,综合考虑轴套类零件的形体特征和工作位置,所以在绘制它们的主视图时,一般将零件的轴线水平放置,并将径向尺寸较小的一端放在右侧,以便加工过程中图物对照;同时考虑在主视图中最大可能地反映该零件的形状特征,若有键槽,要将键槽朝前,以表达它的形状和位置。

2.其他视图的选择

由于轴套类零件各组成部分多数为回转体,在标注各部分的径向尺寸后,不需要再画出其他基本视图。而对于零件上的其他结构要素,可采用移出断面、局部放大图等来表达。

2.1.3 轴套类零件的尺寸标注

1.径向尺寸的标注

径向尺寸表示各轴段上回转体的直径,一般在主视图中直接注出,它以水平轴线作为基准,这样既符合设计要求,又符合装夹要求。

2.轴向尺寸的标注

为了便于下料,轴的总长必须直接注出。其余尺寸一般按照加工顺序标注,注意避免标注成封闭的尺寸链,将要求不高的某一段尺寸空出来,不标注,以便容纳各轴段长度尺寸加工过程中所产生的累积误差。

3.零件上的标准结构要素的尺寸标注

常见的结构要素如倒角、圆角、键槽、退刀槽等,考虑到加工、测量和检验的方便,应按照各自的结构标准进行标注。

2.1.4 轴套类零件的材料

1.轴类零件的材料

工程中常用碳素钢作为轴类零件的材料,如 35 钢、45 钢、50 钢等优质钢。45 钢应用最为广泛,其价格低,应力集中,敏感性小。对于受力较大、强度要求高的轴可采用 40Cr 钢。高速、重载条件下的轴,常用合金结构钢,如 20Cr、20CrMnTi 等。

2.套类零件的材料

套类零件的材料一般选用钢、青铜或黄铜等。有些强度要求较高的套(如伺服阀的阀套、镗床主轴套等)则选用优质合金钢。

2.1.5 轴套类零件的技术要求

1.尺寸精度

起支撑作用的轴颈为了确定轴的位置,通常对其尺寸精度要求较高(IT5～IT7)。对装配传动件的轴颈尺寸精度一般要求较低(IT6～IT9)。

2.几何形状精度

轴类零件的几何形状精度主要是指轴颈、外锥面等的圆度、圆柱度等,一般应将其公差限制在尺寸公差范围内。对精度要求较高的内外圆表面,应在图纸上标注其允许偏差。

3.相互位置精度

轴类零件的位置精度要求主要是由轴在机械中的位置和功用决定的。通常应保证装配传动件的轴颈对支撑轴颈的同轴度要求,否则会影响传动件(齿轮等)的传动精度,并产生噪声。普通精度的轴,其配合轴段对支撑轴颈的径向跳动一般为 0.01~0.03 mm,高精度轴(如主轴)通常为 0.001~0.005 mm。

4.表面粗糙度

一般与传动件相配合的轴颈表面粗糙度 Ra 为 0.4~1.6 μm,与轴承相配合的支撑轴颈表面粗糙度 Ra 为 0.8~3.2 μm。

实验一　从动轴测绘

测绘如图 2-2 所示的从动轴。

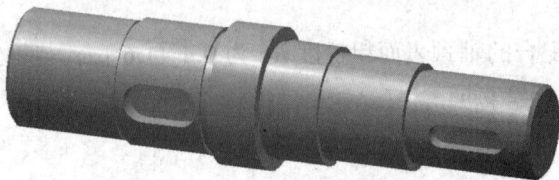

图 2-2　从动轴

图2-2 从动轴

实验目的：

(1)对测量与绘制的过程有一定的认识,能按要求正确完成测绘任务。

(2)通过测绘从动轴,理解轴类零件的结构特点及表达方式。

(3)掌握轴类零件中倒角、倒圆、螺纹等的相关知识点。

(4)掌握轴类零件中断面图、局部剖视图等常用表达方法的应用。

实验任务：

(1)正确使用测绘工具,测绘从动轴并画出草图。

(2)根据草图整理出零件图。

实验准备：

A4 方格纸一张,预习测量工具(游标卡尺、钢板尺、内卡钳、外卡钳)的使用方法。

分组:2 人一组。

实验步骤：

(1)绘制草图:将图 2-2 所示的看图方向作为主视图投影方向,键槽朝前,直径尺寸较小的端放在右面,在方格纸上徒手绘制草图,并画出尺寸线和尺寸界线,如图 2-3 所示。(注意选取尺寸基准)

(2)测量数据(取整数),并在草图上标注,如图 2-4 所示:

①径向尺寸:测出各轴段的径向尺寸。

②轴向尺寸:注意不能注出封闭尺寸链。

③细小结构尺寸:

键槽尺寸:键槽的长度、宽度、深度[按照键槽所在轴段直径查阅《机械工程图学》(第二版)(以下简称"教材")后面的附表——《普通平键各部分尺寸与公差》]、轴向定位尺寸。

退刀槽的尺寸(按照退刀槽所在轴段直径查阅教材后面的附表——《砂轮越程槽的结构与尺寸》)。

倒角尺寸。

(3)确定表面粗糙度和尺寸公差等技术要求,完成零件草图。

(4)课后依据草图完成从动轴零件图,如图 2-5 所示。

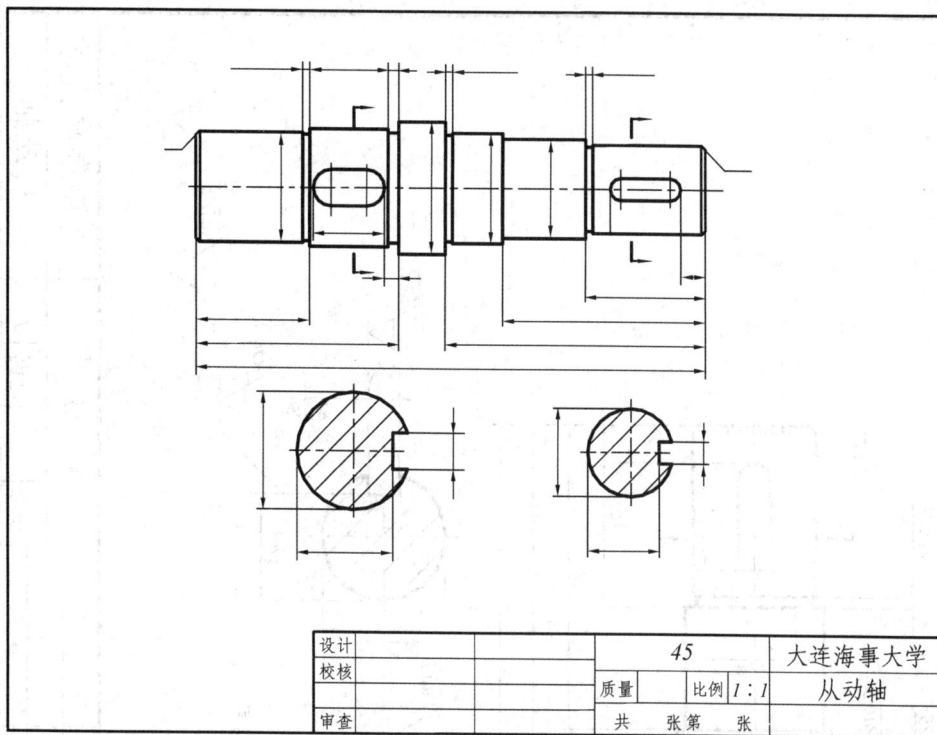

图 2-3 从动轴草图

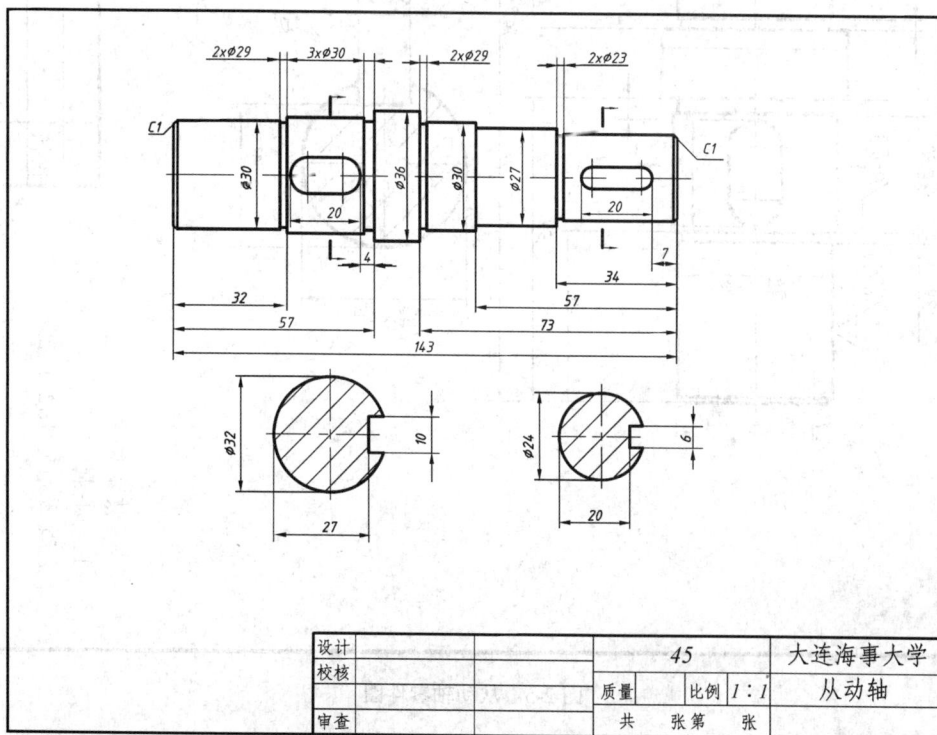

图 2-4 测量从动轴并标注各部分尺寸

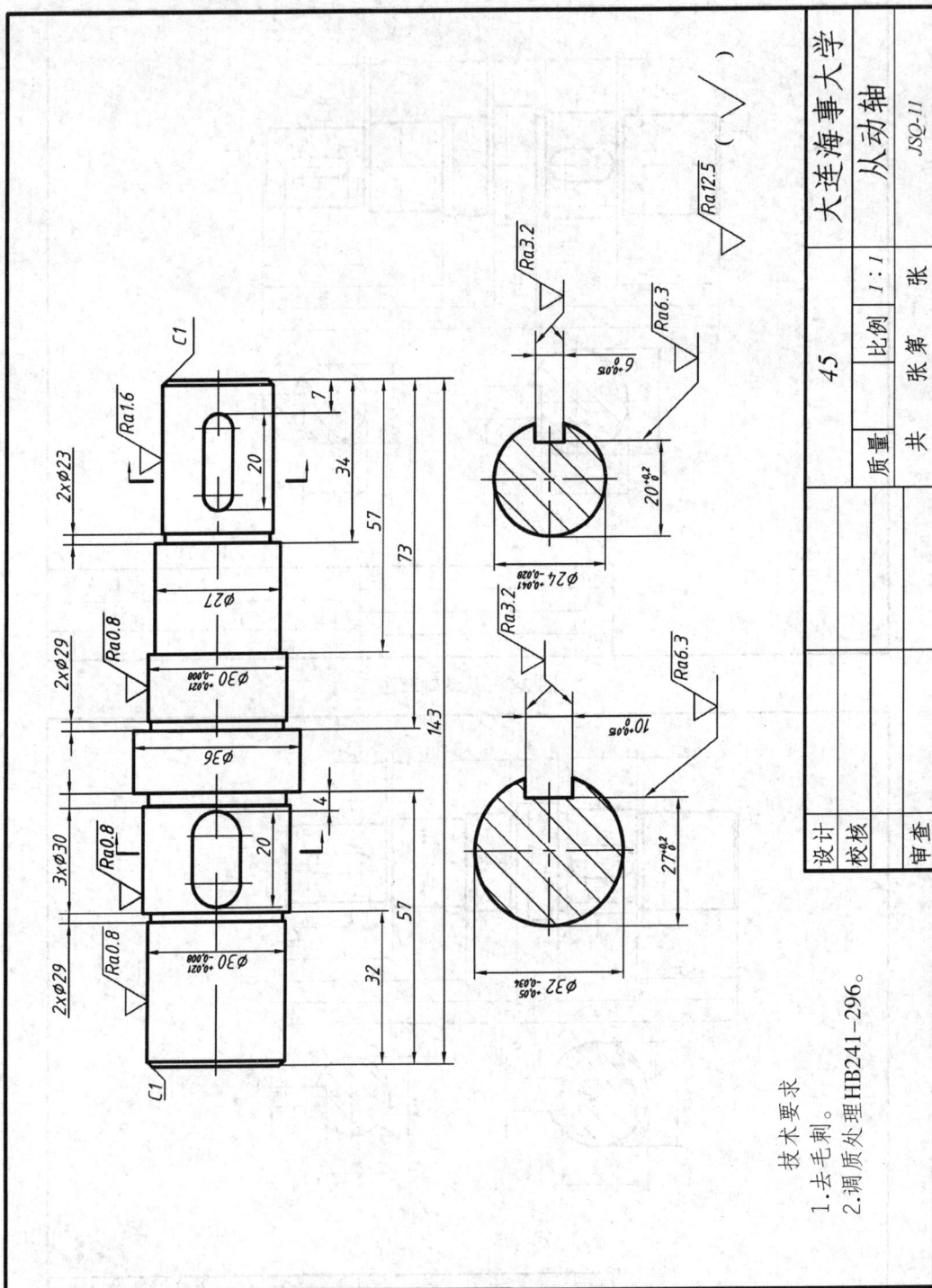

图 2-5 从动轴零件图

2.2 盘盖类零件测绘

2.2.1 盘盖类零件的结构特征

盘盖类零件一般是指法兰盘、端盖、透盖等零件,其主体结构多数是由共轴的回转体构成的,也有些盘盖类零件的主体形状是方形的,一般轴向尺寸较小,而径向尺寸较大,与轴套类零件正好相反。这类零件一般在机器中主要起支撑、轴向定位和密封作用。盘盖类零件上常具有轴孔,为了加强支撑,减少加工面积,还常设计有凸台、凸缘或凹坑等结构;为了与其他零件相连接,这类零件上还有较多的螺孔、光孔、沉孔、销孔等结构要素;对于一些防漏的盘盖类零件,还有油沟和毡圈槽等密封结构;此外,像齿轮等一些零件,还会有键槽、轮辐、肋板等结构。典型的盘盖类零件如图 2-6 所示。

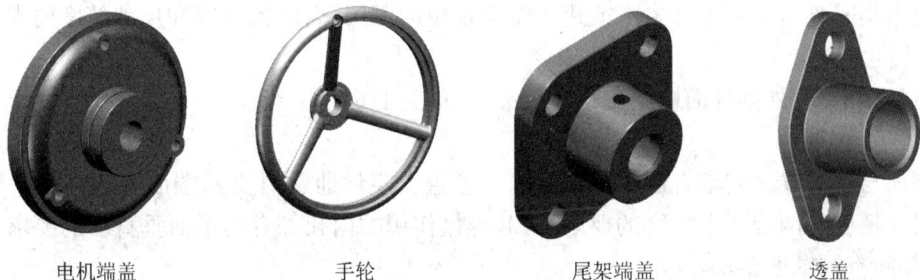

| 电机端盖 | 手轮 | 尾架端盖 | 透盖 |

图 2-6 盘盖类零件

2.2.2 盘盖类零件的表达方法

1.主视图的选择

主视图表达机件沿轴向的结构特点。由于多数盘盖类零件的主体结构为共轴回转体,较多工序是在车床上进行的,考虑到加工时图物对照,方便工人加工,通常将零件按加工位置放置,即将轴线放成水平位置,并选择能反映轴线的视图作为主视图。为了表达内部结构,主视图常采用全剖视的表达方法。

对于加工时并不以车削为主的盘盖类零件,可按照工作位置来放置,即将该零件装配到机器或部件上进行工作时的位置。

2.其他视图的选择

盘盖类零件一般采用两个基本视图。主视图确定以后,常选用一个左视图或右视图来补充表达零件的外形轮廓和盘盖上孔的分布情况。对于零件的其他细节结构,如孔、筋以及轮辐等可采用局部视图、断面图、局部剖视图和局部放大图等来表达。

2.2.3 盘盖类零件的尺寸标注

1.径向尺寸的标注

盘盖类零件中间一般有轴孔等结构,因此径向尺寸包括外部尺寸和内孔尺寸,而且它们都是共轴的,因此轴线即为它们的径向尺寸基准。

2.轴向尺寸的标注

轴向尺寸的主要基准一般是经过加工并有较大面积的接触端面。

3.零件上的定形尺寸的标注

定形尺寸包括圆的直径、螺纹孔、倒角、圆角等结构。零件上各圆孔的直径多标注在非圆的视图上,盘上小孔的定位圆直径标注在投影为圆的视图上较为清晰。倒角、圆角、退刀槽等结构的标注,参照轴套类零件的标注。

2.2.4 盘盖类零件的材料

盘盖类零件的坯料多为铸、锻件,一般不进行热处理,但重要的、受力较大的锻件,应进行调质处理。

2.2.5 盘盖类零件的技术要求

盘盖类零件对于有配合要求或用于轴向定位的面,其表面粗糙度和尺寸精度要求较高。

1.尺寸公差

有配合的孔、外圆柱面应注出尺寸公差,一般为IT6～IT9级。

2.形位公差

端面与轴心线之间常有形位公差要求。盘盖类零件通常对支撑端面有较高的平面度、轴向尺寸精度和两端面平行度的要求,对起连接作用的内孔等有与平面垂直度的要求,对外圆、内孔间有同轴度要求等。

3.表面粗糙度

一般情况下,配合加工表面的粗糙度 Ra 为 $0.4～1.6$ μm,非配合加工表面的粗糙度 Ra 为$6.3～12.5$ μm。

4.热处理

盘盖类零件根据材料、工作条件和使用要求的不同,常用正火、调质、渗氮、渗碳、表面淬火等热处理方法。

实验二　齿轮测绘

测绘如图 2-7 所示的齿轮。

实验目的:

(1)对测量与绘制的过程有一定的认识,能按要求正确完成测绘任务。

(2)通过测绘直齿圆柱齿轮模型,理解盘类零件的结构特点及表达方式。

(3)掌握盘盖类零件中齿轮、表面结构要素等的相关知识点。

(4)掌握盘盖类零件中全剖、半剖视图等常用表达方法的应用。

实验任务:

(1)正确使用测绘工具,测绘齿轮并画出草图。

(2)根据草图整理出零件图。

实验准备:

A4 方格纸一张,预习测量工具(游标卡尺、直尺、内卡钳、外卡钳)的使用方法。

分组:2 人一组。

实验步骤:

(1)绘制草图:在方格纸上选择视图投影方向,徒手绘制草图并标出尺寸线和尺寸界线,如图 2-8 所示。(注意选取尺寸基准)

(2)测量尺寸数据,计算齿轮各部分尺寸并标注在草图上。

图 2-7　直齿圆柱齿轮

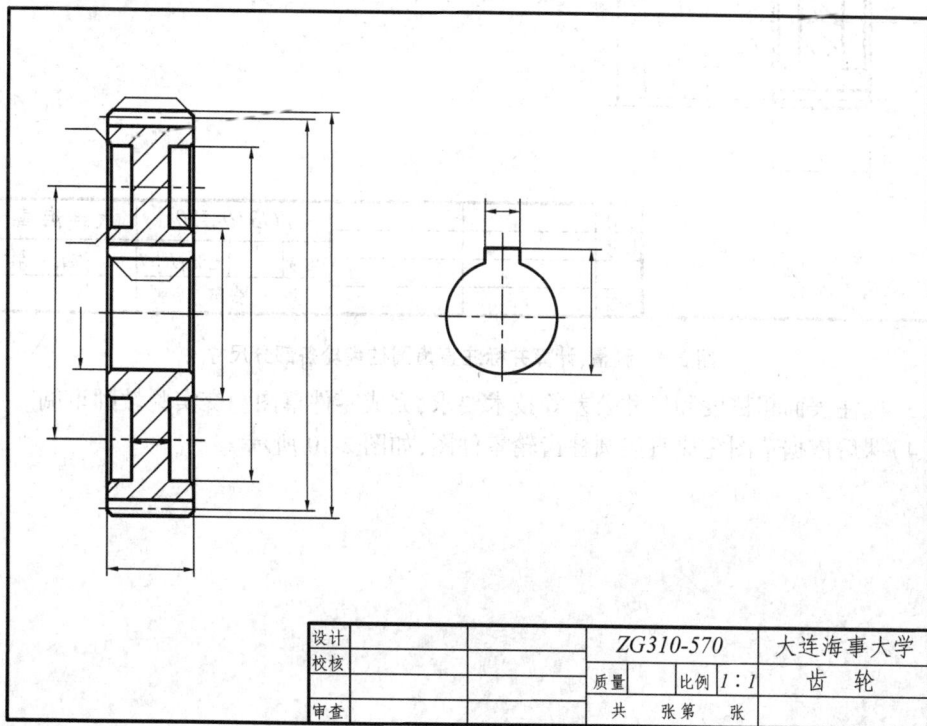

图 2-8　直齿圆柱齿轮草图

①数齿轮的齿数:Z。

②用量具测量齿轮的齿顶圆直径:Da。

③计算模数:$M = Da/(Z+2)$,依标准确定标准模数值 M,齿轮标准模数系列见教材第 174 页。

④根据标准直齿圆柱齿轮各部分基本尺寸的计算公式(见教材),计算出齿轮各部分尺寸。

⑤测量出齿轮上其他结构的尺寸。特别要注意,对于齿轮轮毂上键槽的尺寸,要按照其所在轴段直径查表确定(见教材后面的附表 10——《普通平键各部分尺寸与公差》),如图 2-9 所示。

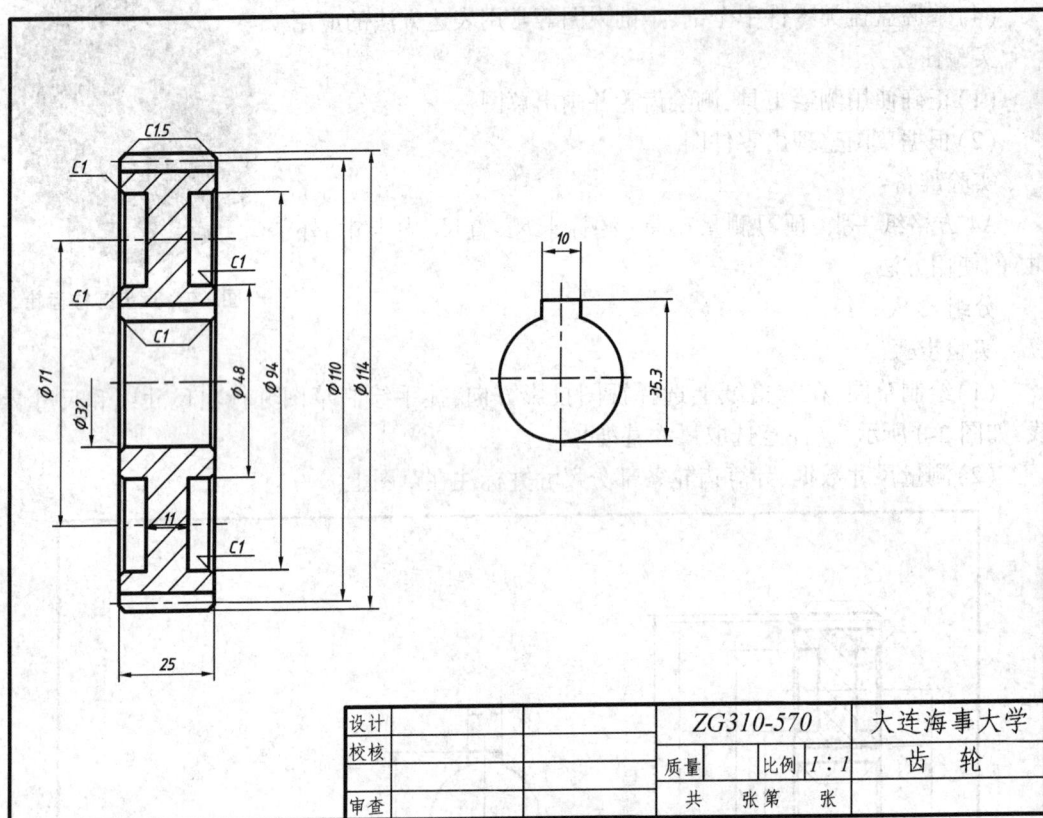

图 2-9 测量、计算并标注直齿圆柱齿轮各部分尺寸

(3)标注表面粗糙度和尺寸公差等技术要求,完成零件草图。交实验教师审阅。

(4)课后依据草图完成直齿圆柱齿轮零件图,如图 2-10 所示。

模数 m	2
齿数 z	55
齿形角	20°
精度等级	级 7-Dc

技术要求
1. 齿轮周缘去毛刺。
2. 铸造圆角为 R2。

$\sqrt{Ra12.5}$ ($\sqrt{}$)

大连海事大学
齿 轮
JSQ-13

ZG310-570

| 质量 | | 比例 | 1:1 | 张 |
| 共 | 张 | 第 | | 张 |

设计
校核
审查

$Ra3.2$
$\boxed{= \mid 0.05 \mid A}$
$35.3^{+0.2}_{0}$
$10^{+0.015}_{0}$

$\phi114$
$\phi110$
$Ra3.2$
$Ra1.6$
$\phi94$
$\phi48$
$Ra6.3$
C1
C1.5
C1
C1
C1
11
25
$\phi32^{+0.025}_{0}$
$Ra6.3$
$\phi71$
$\boxed{\angle \mid 0.03 \mid A}$
A

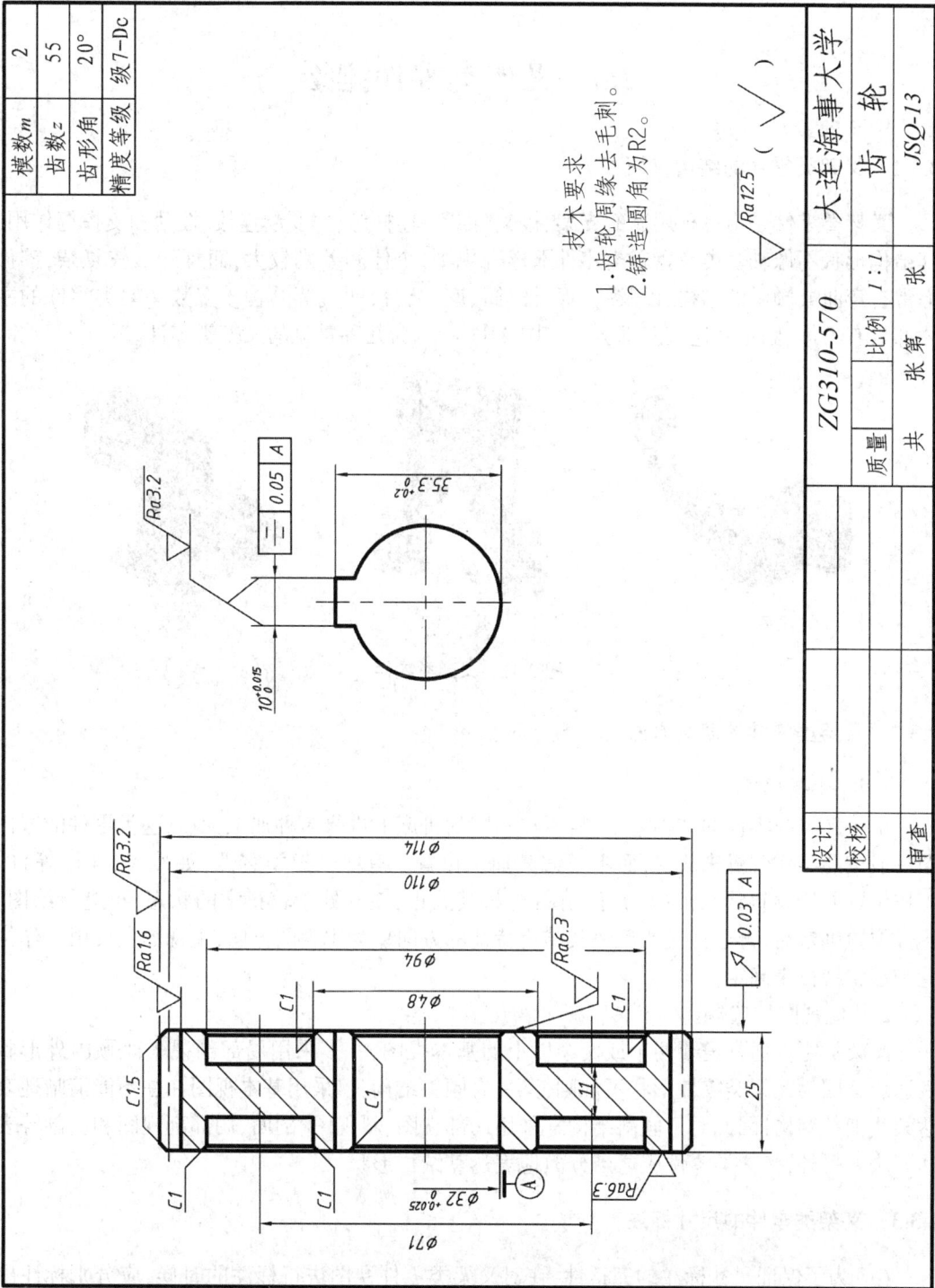

图 2-10 直齿圆柱齿轮零件图

2.3 叉架类零件测绘

2.3.1 叉架类零件的结构特征

叉架类零件是指各种用途的支架、拨叉、摇臂、连杆等,主要起连接、拨动和支撑等作用,其结构形状不像轴套类及盘盖类零件那样有规则,个体间差别较大,而且外形较复杂,零件上常有弯曲或倾斜的结构,以及肋、板、杆、筒、座、凸台、凹坑等结构。多数叉架类零件的主体都具有工作、固定和连接三部分。如图 2-11 所示为几种常见的叉架类零件。

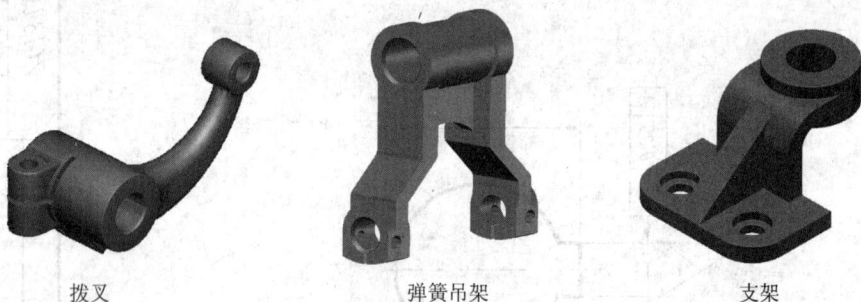

拨叉 弹簧吊架 支架

图 2-11 叉架类零件

2.3.2 叉架类零件的表达方法

1.主视图的选择

由于叉架类零件的结构复杂,需要在不同的机床上进行多种加工,所以这类零件的零件图一般按照工作位置来放置,而不考虑其加工位置。有些叉架类零件(如拨叉、连杆等)的工作位置处于倾斜状态,为了便于绘图,可将其放正,使其处于较正常的状态,再进行绘图。零件位置确定后,再选择最能反映其结构特征的方向作为主视图方向,主视图主要由工作位置和形状特征来确定。

2.其他视图的选择

叉架类零件通常需要两个或两个以上的基本视图,并多采用局部剖视来兼顾内外形状表达。又因为叉架类零件形状不规则,又具有倾斜结构,仅采用基本视图往往不能清晰地表达某些细节结构,因此对于倾斜结构常采用局部视图、斜视图、剖面、局部剖视图和斜剖等表达方法。另外,叉架类零件应适当分散地表达其结构形状。

2.3.3 叉架类零件的尺寸标注

(1)为了保证尺寸标注的完整性,在对叉架类零件视图进行标注的时候,应分别标注出其定形尺寸和定位尺寸。定形尺寸要按形体分析法标注,内外结构形状要保持一致;定位尺寸较多,常采用角度定位,且一般要标注出孔之间的中心距,或孔轴线到平面间的距离,或平面到平面间的距离。

(2)工作部分、支撑部分的形状尺寸和相互位置尺寸是叉架类零件的主要尺寸。

（3）为了保证尺寸标注的合理性，使所注尺寸能保证达到设计要求并便于加工、测量，还必须正确选择尺寸基准。叉架类零件一般有长、宽、高三个方向的尺寸基准，作为基准的面有以下几种情况：

①对称面：叉架类零件通常有一个方向是对称的，常以此对称面作为该方向基准。

②结合面：包括叉架与其他零件相固定的安装面、叉架支撑别的零件工作的支撑面等。

（4）叉架类零件的毛坯多为铸、锻件。零件上的铸（锻）圆角、斜度、过渡尺寸一般应按铸（锻）件标准取值和标注。

2.3.4　叉架类零件的材料

叉架类零件多为铸件和锻件，常用的材料为 20 钢、30 钢、灰铸铁或可锻铸铁。近年来常采用球墨铸铁来代替钢材，大大地降低了材料消耗和毛坯制造成本。

2.3.5　叉架类零件的技术要求

（1）叉架类零件支撑部分的孔、平面或轴应给定尺寸公差、形状公差和表面粗糙度。一般情况下，孔的尺寸公差取 $H7$，轴取 $h6$，孔和轴的表面粗糙度 Ra 取 1.6~6.3 μm，孔或轴给定圆度或圆柱度公差。支撑平面的表面粗糙度 Ra 一般取 6.3 μm，并可给定平面度公差。

（2）定位平面应给定表面粗糙度值和形位公差。Ra 一般取 6.3 μm，形位公差可对支撑平面的垂直度公差和平行度公差提出要求，对支撑孔可提出圆跳动公差要求，对轴的轴线可提出垂直度公差要求。

（3）叉架类零件的工作部分的结构形状比较多样，一般情况下，对工作部分的结构尺寸、位置尺寸应给以适当的公差，如孔径公差、孔到基准平面或基准孔的距离的尺寸公差、孔或平面与基准面或基准孔之间的夹角公差等。另外，还应给定形位公差和表面粗糙度值。基准孔表面粗糙度 Ra 为 0.8~3.2 μm，工作表面表面粗糙度 Ra 为 1.6~6.3 μm。

（4）叉架类零件一般为锻件或铸件，铸件一般要进行时效处理，锻件应进行退火、调质、正火处理。根据材料、工作条件和使用要求不同，最终采用的热处理方法也不同，以便使材料具有良好的综合力学性能和机械加工性能。

实验三　支架测绘

测绘如图 2-12 所示的支架。

实验目的:

(1)对测量与绘制的过程有一定的认识,能按要求正确完成测绘任务。

(2)通过测绘支架模型,了解叉架类零件的结构特点并掌握叉架类零件的表达方法。

(3)掌握叉架类零件中肋、板、凹坑等结构要素的相关知识点。

(4)掌握叉架类零件中局部剖视图、局部视图、断面图等常用表达方法的应用。

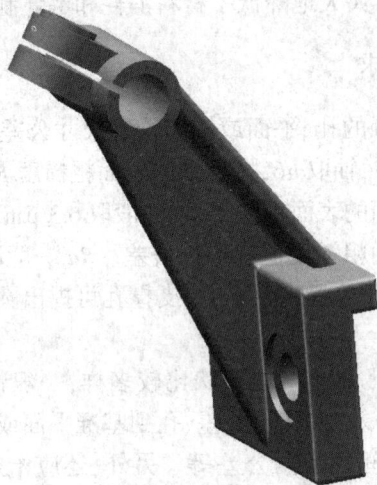

图2-12 支架

图 2-12　支架

实验任务:

(1)正确使用测绘工具,测绘支架并画出草图。

(2)根据草图整理出零件图。

实验准备:

A4 方格纸一张,预习测量工具(游标卡尺、直尺、内卡钳、外卡钳)的使用方法。

分组:2 人一组。

实验步骤:

(1)绘制草图:在方格纸上选择视图投影方向,徒手绘制草图并标出尺寸线和尺寸界线,如图 2-13 所示。(注意选取尺寸基准)

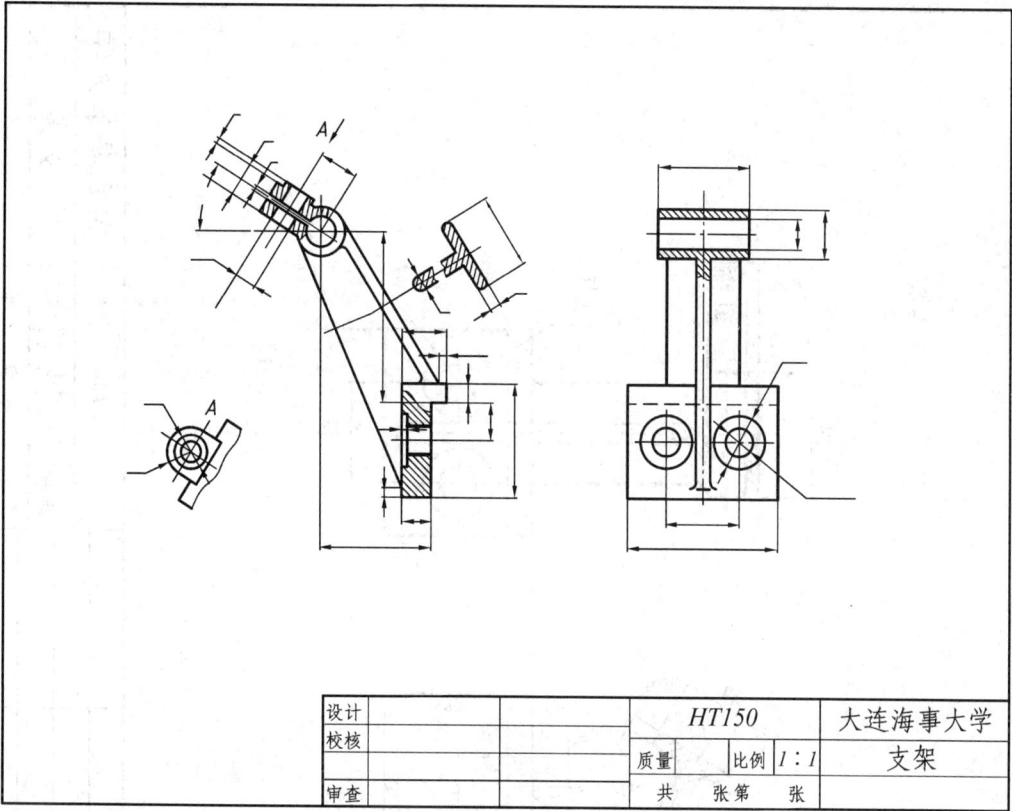

<table>
<tr><td>设计</td><td></td><td></td><td colspan="2">HT150</td><td rowspan="2">大连海事大学</td></tr>
<tr><td>校核</td><td></td><td></td><td></td><td></td></tr>
<tr><td></td><td></td><td></td><td>质量</td><td>比例 1:1</td><td>支架</td></tr>
<tr><td>审查</td><td></td><td></td><td colspan="2">共 张第 张</td><td></td></tr>
</table>

图 2-13 支架草图

（2）测量数据（取整数），并在草图上标注。

支架的主要设计尺寸为确定 $\phi 8$ 支撑孔到相互垂直的安装面间的距离，因此选择这两个安装面作为长度和高度方向的主要基准而标注出定位尺寸 29 和 43。但夹紧孔 $\phi 11$ 的定位尺寸，由于它与安装面之间没有什么要求，考虑到加工和测量的方便，选择 $\phi 8$ 的孔的中心作为辅助基准，标注定位尺寸 10。左视图是对称的，宽度方向基准选择对称平面，分别注出 19、39 和 24，如图 2-14 所示。

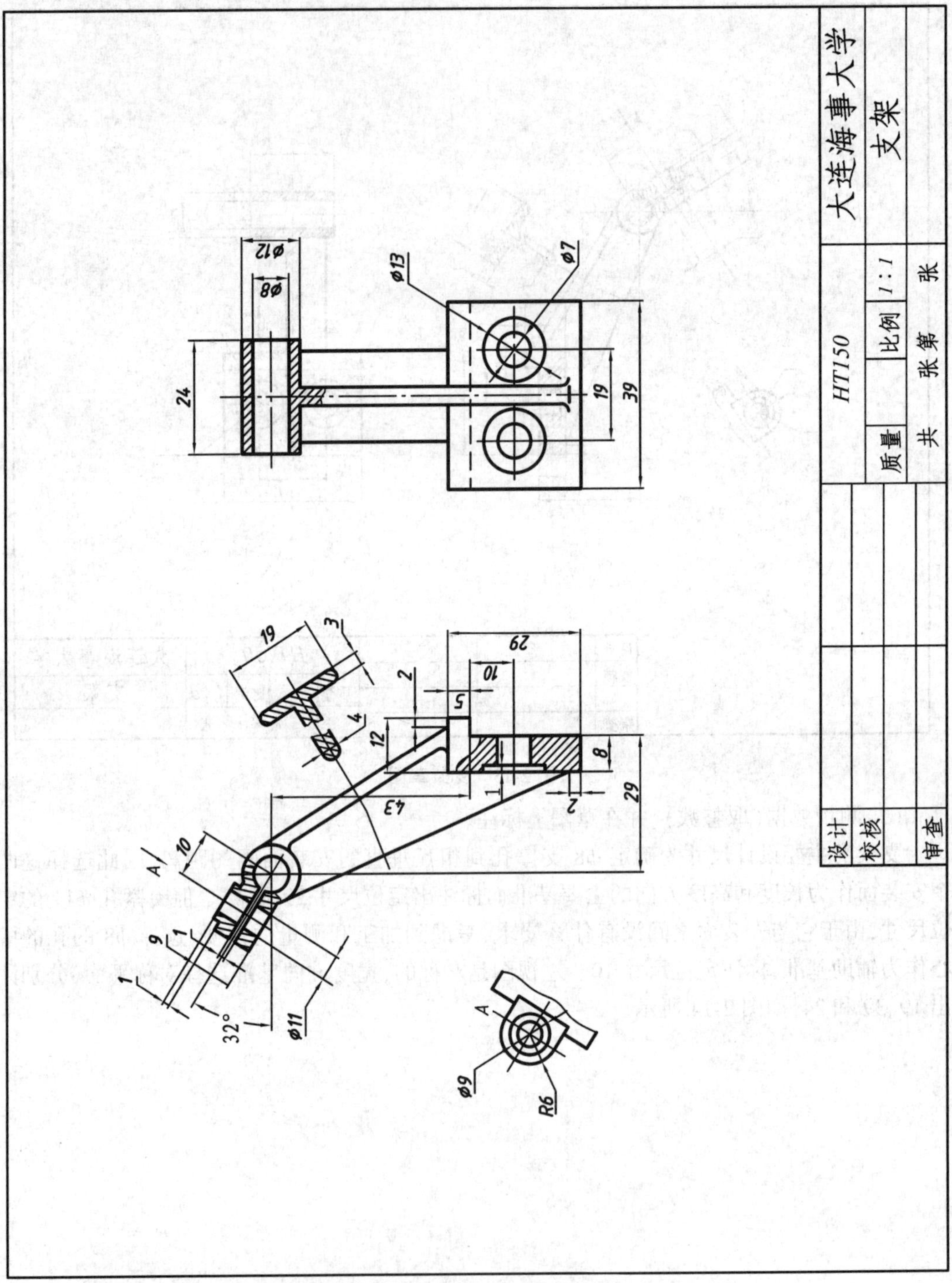

图 2-14　测量并标注支架各部分尺寸

（3）标注表面粗糙度和尺寸公差等技术要求，完成零件草图。交实验教师审阅。

（4）课后依据草图完成支架零件图，如图 2-15 所示。

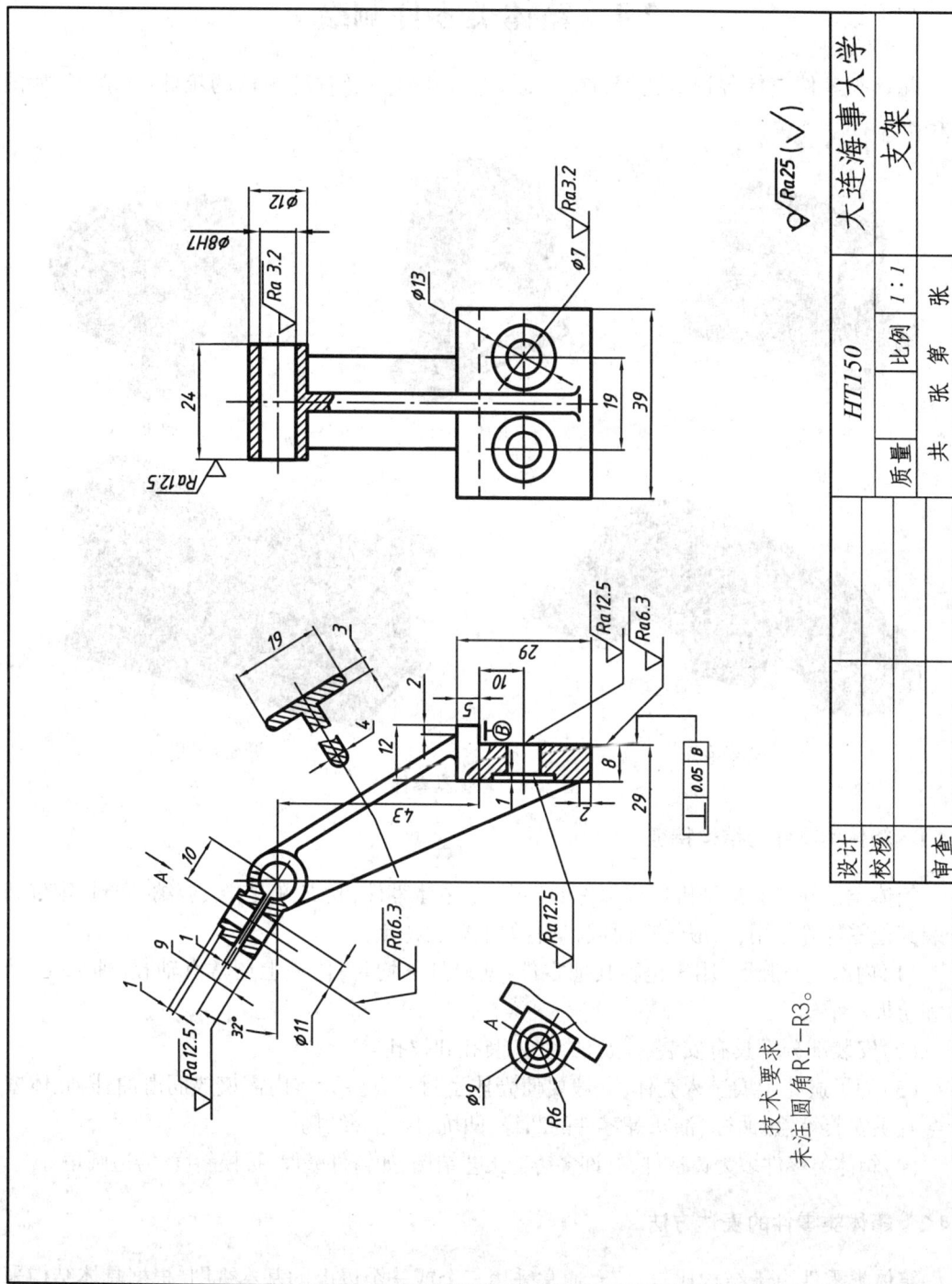

图 2-15 支架零件图

2.4 箱体类零件测绘

箱体类零件包括各种减速器、阀体、泵体、液压缸体及各种用途的箱体、机壳等,如图2-16所示。

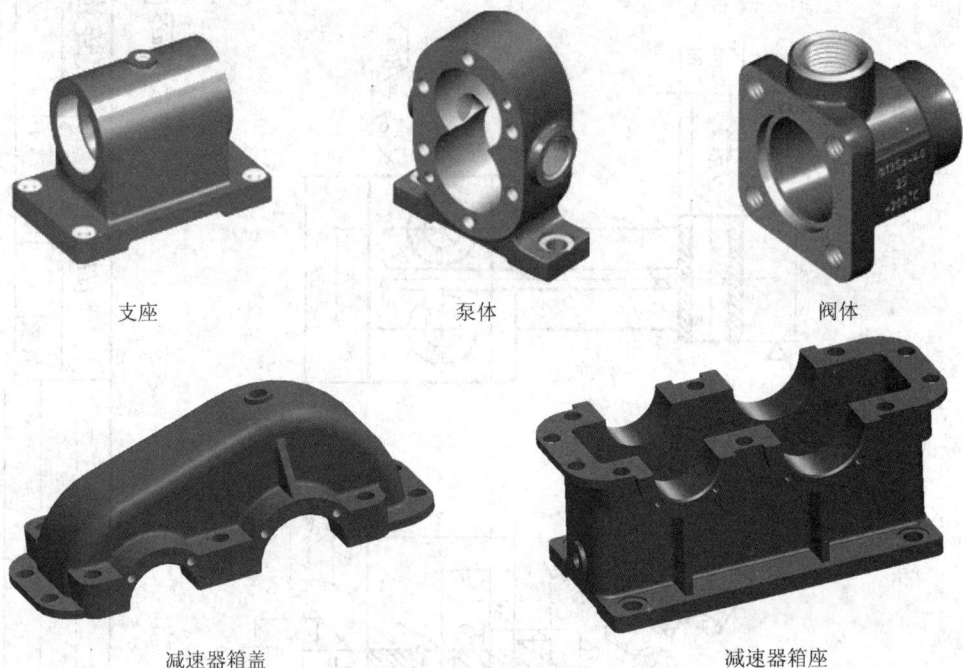

图 2-16 箱体类零件

2.4.1 箱体类零件的结构特征

箱体类零件一般都是机器或部件的外壳,是主体零件,起支撑、连接、容纳、密封、定位和安装其他零件等作用,一般铸造而成,具有如下典型特点:

(1)内部呈空腔形,用来包容其他零件,壁薄且不均匀,体壁上还常有轴孔、轴承孔、凸台和肋板等结构。

(2)安装部分常具有安装底板、法兰、安装孔和螺孔等。

(3)为了避免尘埃进入壳体,一般要使壳体密封。有些壳体内需盛放润滑油,因此体壁上会有供安装箱盖、油标、油塞等零件的凸缘、凹坑、螺孔等结构。

(4)箱体类零件多为铸造件,有许多铸造工艺结构,如铸件壁厚、拔模斜度、铸造圆角等。

2.4.2 箱体类零件的表达方法

箱体类零件由于结构比较复杂,通常采用三个或三个以上的基本视图,根据具体结构采用半剖、全剖、局部剖视图,并辅以局部视图、局部放大图、断面图等表达方法。

1.主视图的选择

由于箱体类零件加工工序较多,装夹位置不固定,所以常以工作位置或自然安放位置放置,通过形体分析后,选择最能反映其各组成部分形状特征及相对位置的方向作为主视图方向。

2.其他视图的选择

主视图方向确定后,根据零件的具体特点,合理、恰当地选择其他视图。在能够将零件内外结构表达清楚的前提下,采用尽可能少的基本视图。

2.4.3 箱体类零件的尺寸标注

箱体类零件结构比较复杂,尺寸也比较多,所以标注的时候要按照一定的顺序和步骤来进行。

(1)要合理地选择尺寸基准。长度方向、宽度方向的基准一般为整体的主要对称面,高度方向的基准一般选择箱体的安装底板的底面。

(2)按照形体分析法标注尺寸。根据尺寸基准,按照形体分析法标注定形尺寸、定位尺寸。在标注箱体类零件的尺寸时,确定各部位的定位尺寸很重要,因为它关系到装配质量的好坏。当各部位的定位尺寸确定后,其定形尺寸才能确定。

(3)重要的尺寸应直接标注。对于影响机器工作性能的尺寸一定要直接标注出来,如支撑齿轮传动轴、蜗杆传动轴的两孔中心线间的距离尺寸,输入轴、输出轴的位置尺寸等。

(4)标注总体尺寸和安装尺寸。在箱体类零件中,有许多已有标准化结构和尺寸系列,因此在测绘这些零件时,应参照有关标准,尽量向标准化结构和尺寸系列靠近。

2.4.4 箱体类零件的材料

箱体类零件的材料常选用各种牌号的灰铸铁,如 HT100~HT400,最常用的为 HT200。灰铸铁具有良好的耐磨性、铸造性和可切削性,且成本低、吸振性好。某些负荷较大的箱体可采用铸钢件。

2.4.5 箱体类零件的技术要求

(1)尺寸公差:通常对于各种重要的主轴箱体,主轴孔的尺寸精度为 IT6,箱体上其他轴承孔的尺寸精度一般为 IT7,各轴孔中心距精度允差为 $\pm 0.05 \sim 0.07$ mm;剖分式减速器箱体上轴承孔孔距精度允差为 $\pm 0.03 \sim 0.05$ mm。

(2)形位公差:在实际测绘中,可采用测量法测出箱体上各有关部位的形状和位置公差,参照同类零件进行确定,并注意与尺寸公差和表面粗糙度等级相适应。如表 2-1 所示为剖分式减速器箱体的形位公差及公差等级,测绘时可做参考。

表 2-1 剖分式减速器箱体的形位公差及公差等级

形位公差		公差等级
形状公差	轴承孔的圆度或圆柱度	6~7
	剖分面的平面度	7~8
位置公差	轴承孔中心线间的平行度	6~7
	两轴承孔中心线间的同轴度	6~8
	轴承孔端面对中心线的垂直度	7~8
	轴承孔中心线对剖分面的位置度	<0.3 mm
	两轴承孔中心线间的垂直度	7~8

（3）表面粗糙度：箱体类零件的加工表面都应该提出表面粗糙度参数值要求，而非加工面如铸造毛坯面等用不加工符号表示。表 2-2 为剖分式减速器箱体的表面粗糙度参数值，测绘时可做参考。

表 2-2　剖分式减速器箱体的表面粗糙度参数值

加工表面	Ra	加工表面	Ra
减速器剖分面	3.2~1.6	减速器底面	12.5~6.3
轴承座孔面	3.2~1.6	轴承座孔外端面	6.3~3.2
圆柱销孔面	3.2~1.6	螺栓孔端面	12.5~6.3
入盖凸缘槽面	6.3~3.2	油塞孔端面	12.5~6.3
视孔盖接触面	12.5	其他端面	>12.5

实验四 三通管测绘

测绘如图 2-17 所示三通管。

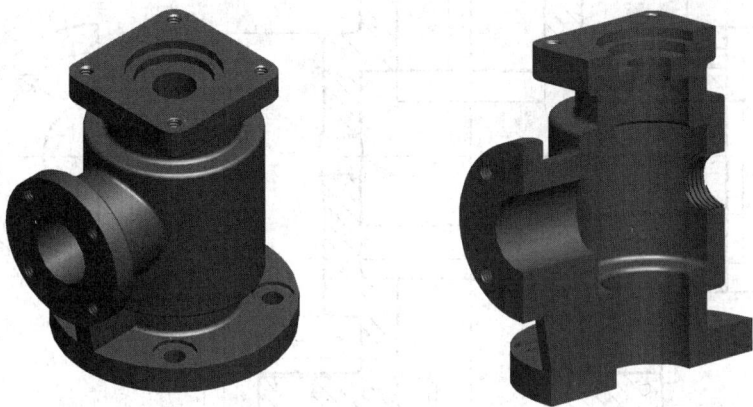

图 2-17 三通管

实验目的：

(1)了解箱体类零件工艺结构的作用。

(2)通过测绘三通管,了解箱体类零件的结构特点并掌握箱体类零件常见的表达方式。

(3)掌握箱体类零件尺寸和技术要求的标注。

实验任务：

(1)正确使用测绘工具,测绘三通管并画出草图。

(2)根据草图整理出零件图。

实验准备：

A3 方格纸一张,预习测量工具(游标卡尺、直尺、内卡钳、外卡钳)的使用方法。

分组:3 人一组。

实验步骤：

(1)绘制草图:在方格纸上选择视图投影方向,徒手绘制草图并标出尺寸线和尺寸界线,如图 2-18 所示。(注意选取尺寸基准)

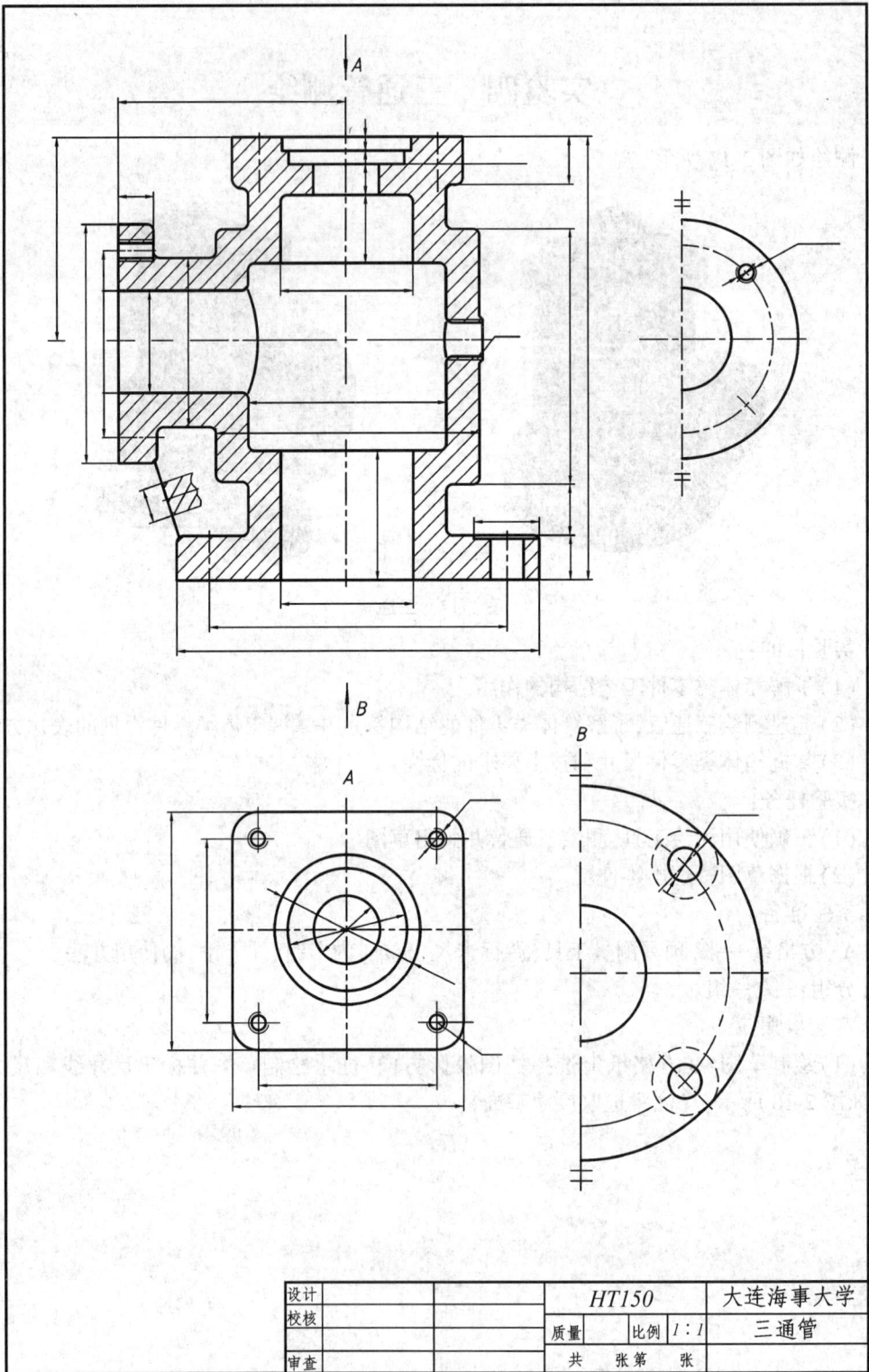

图 2-18 三通管草图

（2）测量数据（取整数），并在草图上标注，如图 2-19 所示。

三通管上的工艺结构，如螺纹、倒角、圆角等，测出尺寸后还要按照规定方法标注，螺纹是标准结构要素，需要查表确定其标准尺寸。

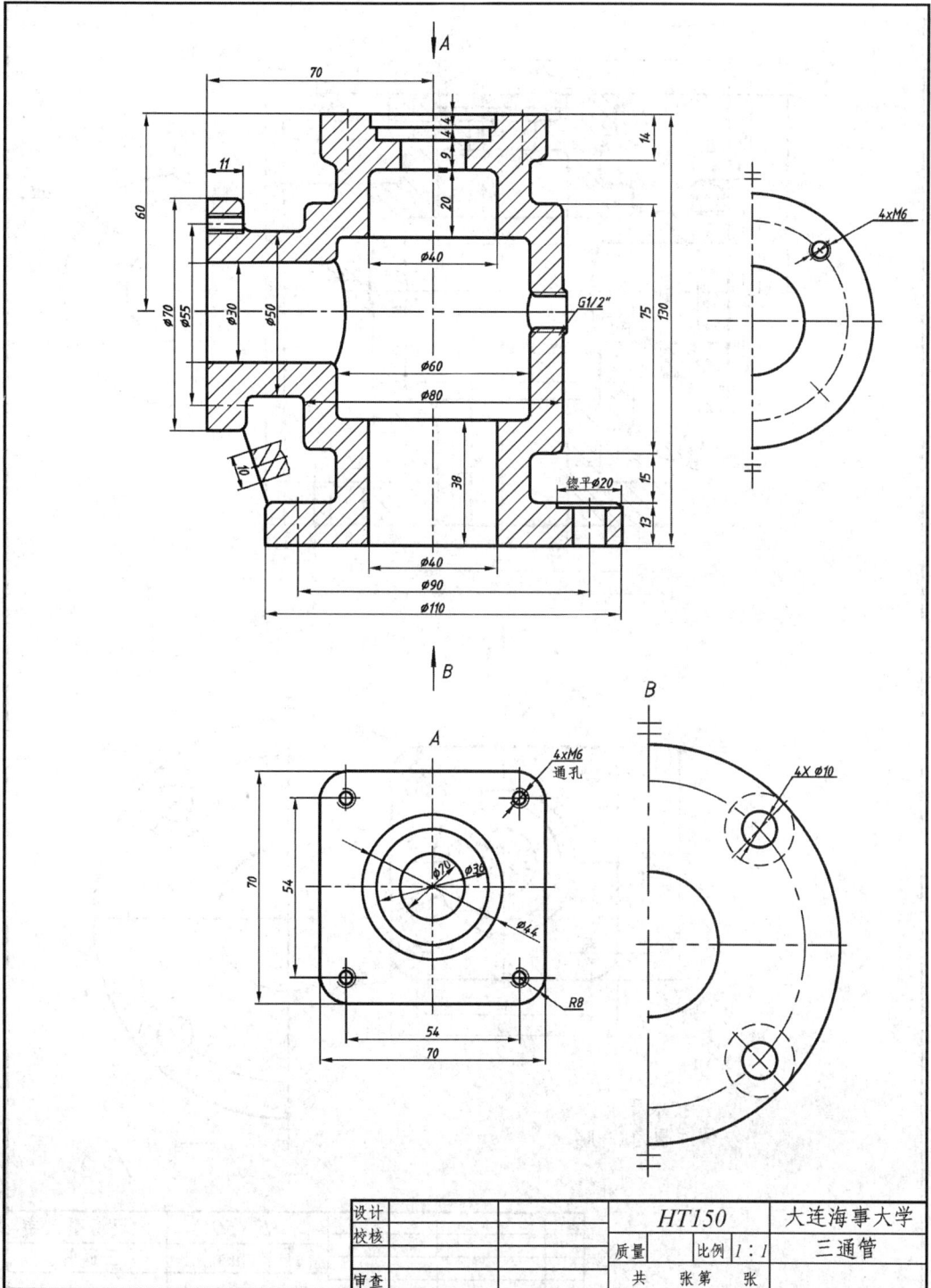

图 2-19 测量并标注三通管各部分尺寸

（3）标注表面粗糙度，完成零件草图。交实验教师审阅。

（4）课后依据草图完成三通管零件图，如图2-20所示。

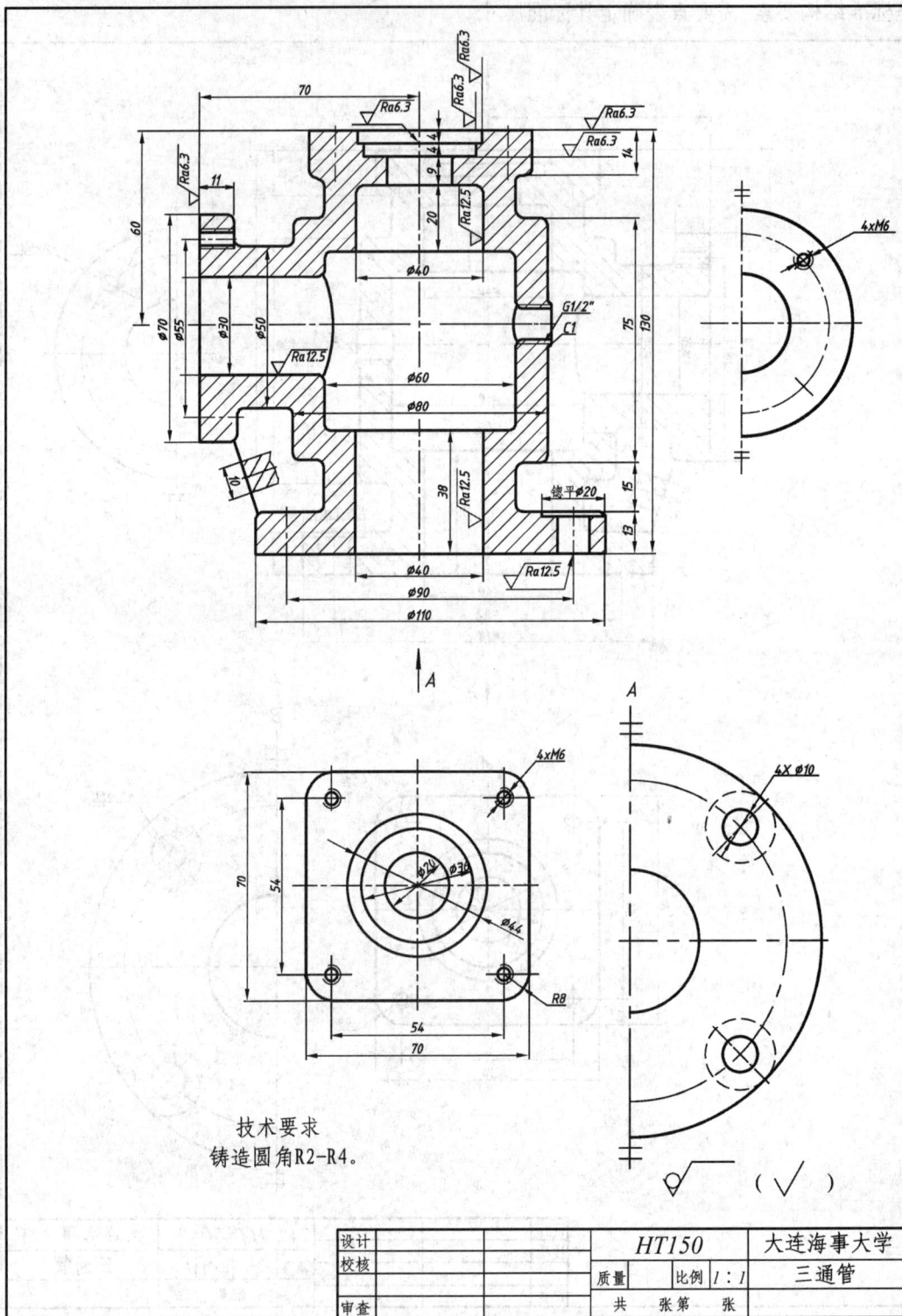

图 2-20 三通管零件图

第3章　装配体绘图

装配图不仅要求表达出装配体的工作原理和装配关系以及主要零件的结构形状,还要检查零件草图上的尺寸是否协调合理。在绘制装配图的过程中,若发现零件草图上的形状或尺寸有错,应及时更改,方可画图。

装配图画好后必须注明该机器或部件的规格、性能及装配、检验、安装时的尺寸,还必须用文字说明或采用符号标注形式指明机器或部件在装配调试、安装使用中必需的技术条件。最后应按规定要求填写零件序号和明细栏、标题栏的各项内容。

本章以绘制千斤顶、单级直齿圆柱齿轮减速器装配图为例,介绍装配体读图和绘图的方法和顺序,从装配图的表达上能完整、清晰地表示出其工作原理、拆卸顺序和装配关系。

实验一　千斤顶的读图与绘图

千斤顶的功能是顶起并支撑重物。它体积小,重量轻,结构简单,性能可靠,手工操作、移动方便,常用于汽车修理等工作中。

本文所介绍的千斤顶是机械螺旋式千斤顶,如图 3-1 所示。它是以顶盖为工作装置,通过螺杆在行程内顶升重物的起重设备。通过旋转扳动杆,使举重螺杆旋转,从而使顶盖起升或下降,实现起重拉力的功能。

1.作业的任务与基本要求

任务有二:一是读懂装配图,读懂零件图;二是在三个课时内每人根据零件图拼画一张装配图。

基本要求:通过读图,认识机械图样的主要内容,巩固课堂所学的机件的表达方法,掌握识读图样的基本要领,培养读图的初步能力。通过画图,培养学生正确使用工具仪器的能力,培养和巩固按正投影原理,运用画图的基本知识,遵照制图国家标准绘制图样的基本技能。

画图作业要达到的目标是:投影正确,表达适宜,图线标准,字体工整,图面清洁。

2.读图要点

先读装配图,后读零件图,再彼此对照、深入、巩固读图成果。

(1)读装配图应搞清楚的要点如下:

①从标题栏明确所画装配体的名称、重量、绘图比例等。从零件明细栏明确组成该装配体的零件总数目及各自的名称、数量、材料等,并注意区分标准件与自制件。明细栏中的序号要与视图中的序号相对应。

②视图的投影方向、视图的数目与表达方法。要理解各种线型的应用。

③从装配图视图中看懂各零件的相互位置、投影范围和大致形状。

④由外形尺寸(ϕ165,273～373)想象千斤顶实物的大小和外部形状,并正确解释重要

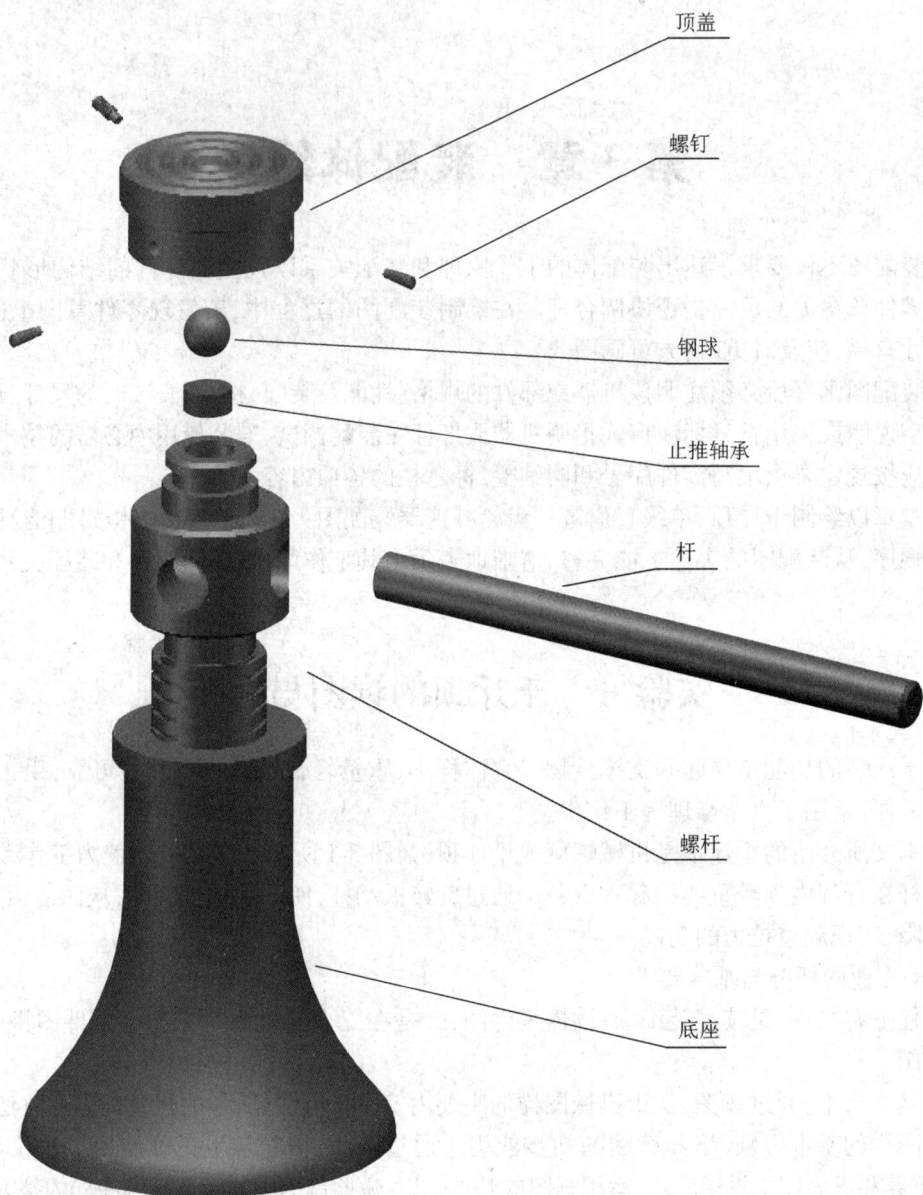

图3-1 机械螺旋
式千斤顶

图 3-1 机械螺旋式千斤顶

尺寸 $\phi50$、$\phi42$、8、4 和装配尺寸 $\phi22\dfrac{H8}{h7}$ 的含义。同时应明确与以上尺寸相联系的两处局部剖视的用意。

⑤了解千斤顶的技术性能、工作原理、力的传递过程及各零件的作用。

(2)读零件图应搞清楚以下要点：

①各零件的名称、材料、绘图比例。对于标准件还应明白其标注方法。

②各零件图的视图数量和表达方法，进而弄清楚为什么要采取如此的表达方法，并深入思考是否有另外的表达方法。

③各零件的外部形状和内部形状。

④零件的详细尺寸和大小,并对尺寸做出简要的分析。

⑤制作零件的表面粗糙度和技术要求等。

说明:本图纸省略了钢球的零件图,读图时应以螺杆、底座和顶盖三个零件的图纸为重点。读图时应先粗读再逐步细读,并彼此联系对照,综合想象。具体读图方式,以独自默读为主,可穿插互相讨论、启发、补充、深化。

3.画图作业的要点

(1)每人准备一张标准的图纸,幅面 A3(297×420),准备好工具和仪器。

(2)画好图框后,必须预先留出标题栏和明细栏的位置,格式见教材第 232 页。

(3)以千斤顶的正常工作位置作为选定视图和布置图位的依据。

(4)强调必须首先使用轻、细、准确的线条完成装配图的全部底稿,经检查后再进行描深。

(5)打底稿的第一步是确定图位。定位的基准有两个:宽度方向的基准是螺杆的轴线,置于图框左右的中央;高度方向的基准可选在螺杆轴肩的下表面(即底座的上表面),该基准距明细栏上缘的参考尺寸为 190 mm。

(6)为使画图进展顺利、简捷,经过对千斤顶的科学分析可知:螺杆是全图的中心和主体。所以,定位线画出后,应最先画出螺杆的外形,然后以此为基础,围绕螺杆向下方扩画底座,向上方扩画推力轴承和顶盖。接着,在顶盖图形内确定螺钉的轴线位置,画出螺钉的外形,使螺纹连接画法正确。最后画上杆的外形。(说明:装配图中各零件的外形大小,必须按照相应零件图给定的尺寸;对某些工艺结构可以简化。)

(7)用波浪线确定局部剖视的范围。

(8)画出尺寸界线、尺寸线。

至此,装配图主要轮廓的底稿可告完成。

(9)描粗与描深图线,使之达到各自规定的标准型式。应按照图线型式不同,分批、分类、分位置按部就班地进行。一般采取"先粗后细,先曲后直,先水平后倾斜,自上而下,自左而右"的方法,使同类线型成批地有规律地画出。

要特别注意装配图中剖面线的规定画法与要求。

(10)画箭头,填写尺寸数字、序号,填写标题栏、明细栏和技术要求,并强调字体要符合标准。

千斤顶装配图见附图 1,各零件图见图 3-2~图 3-7。

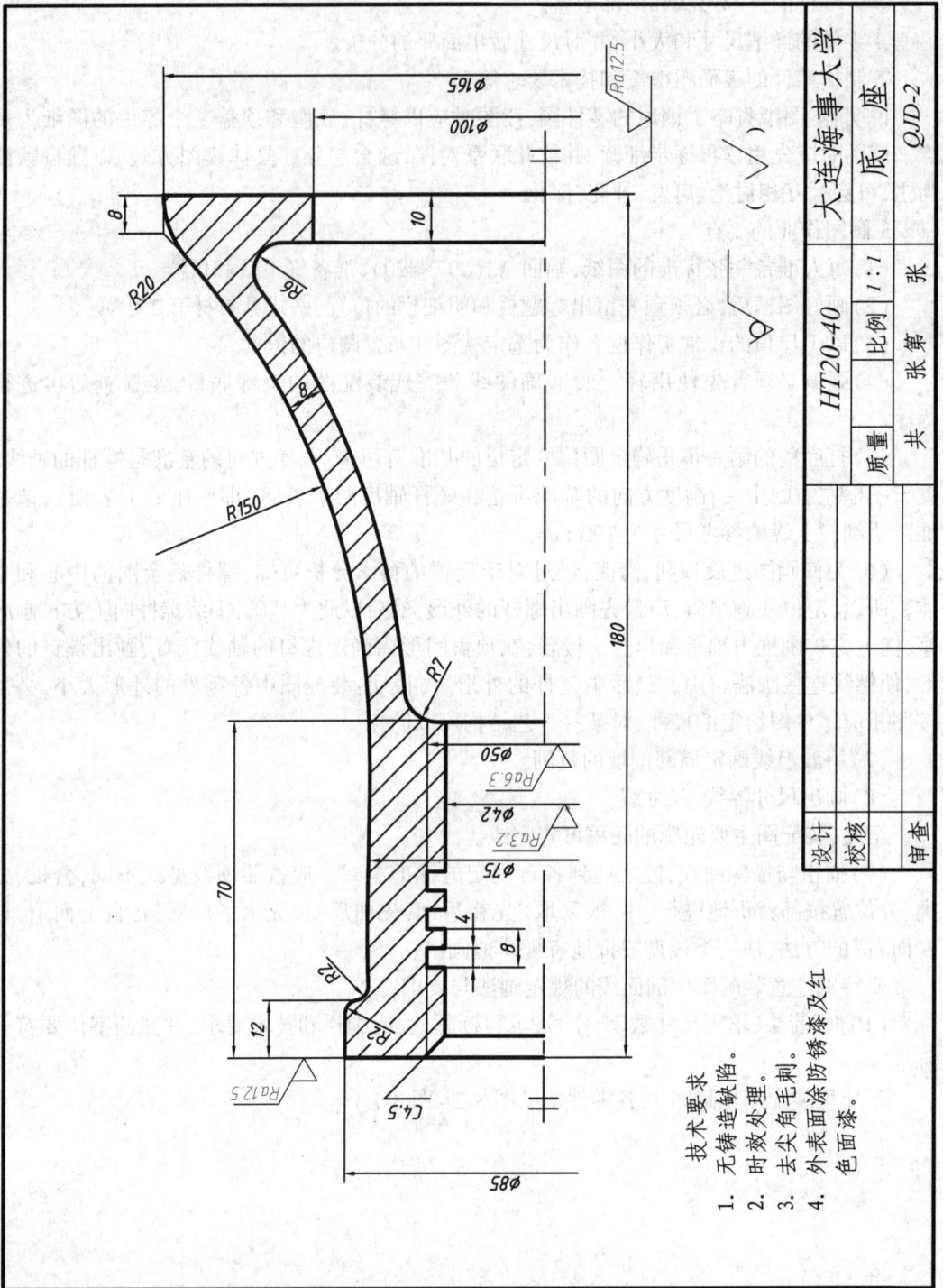

图3-2 底座

图3-2 底座

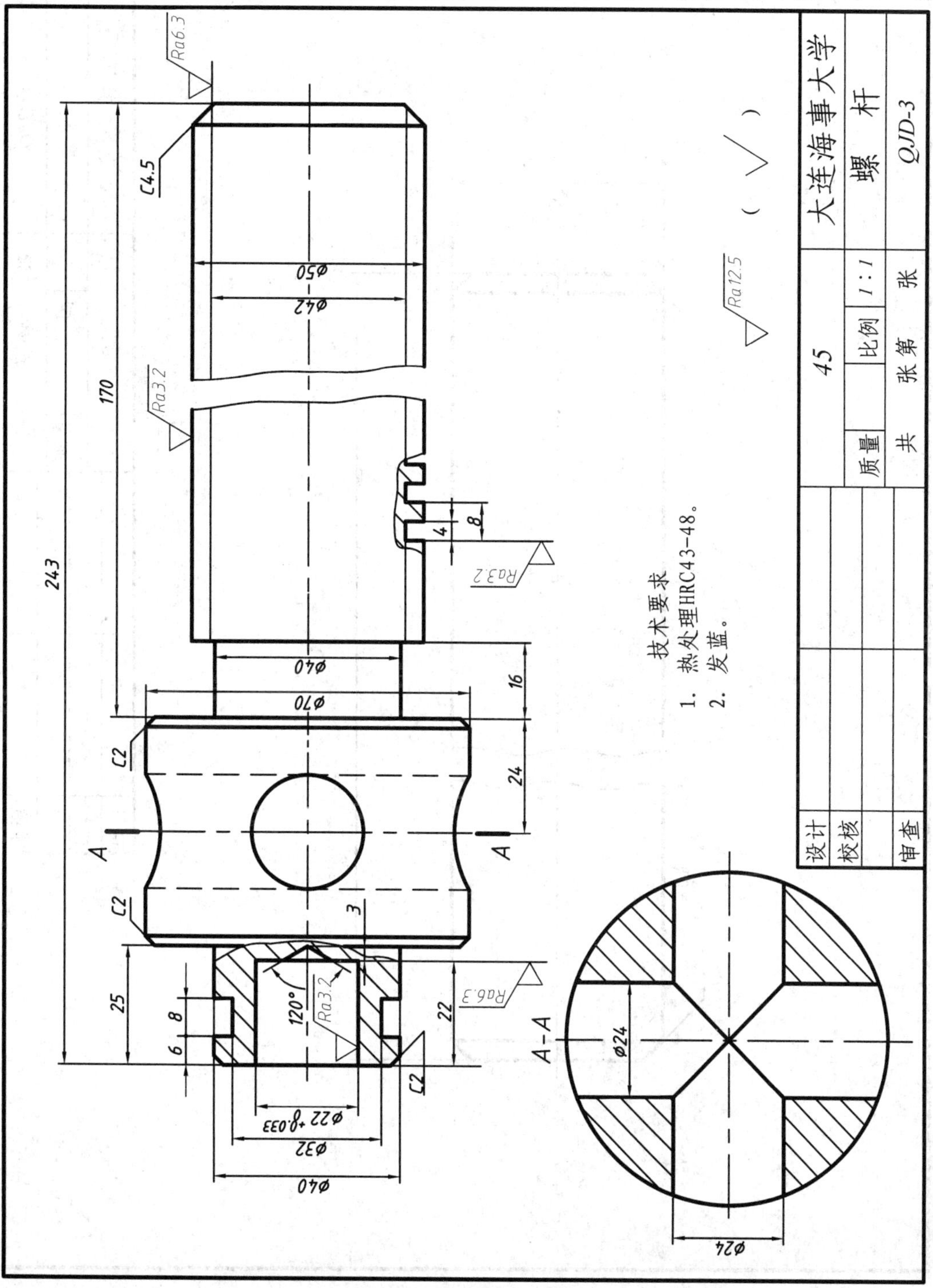

技术要求
热处理 HRC43～48。
1. 发蓝。

大连海事大学
螺 杆
QJD-3

设计			
校核			
审查			

图 3-3 螺杆

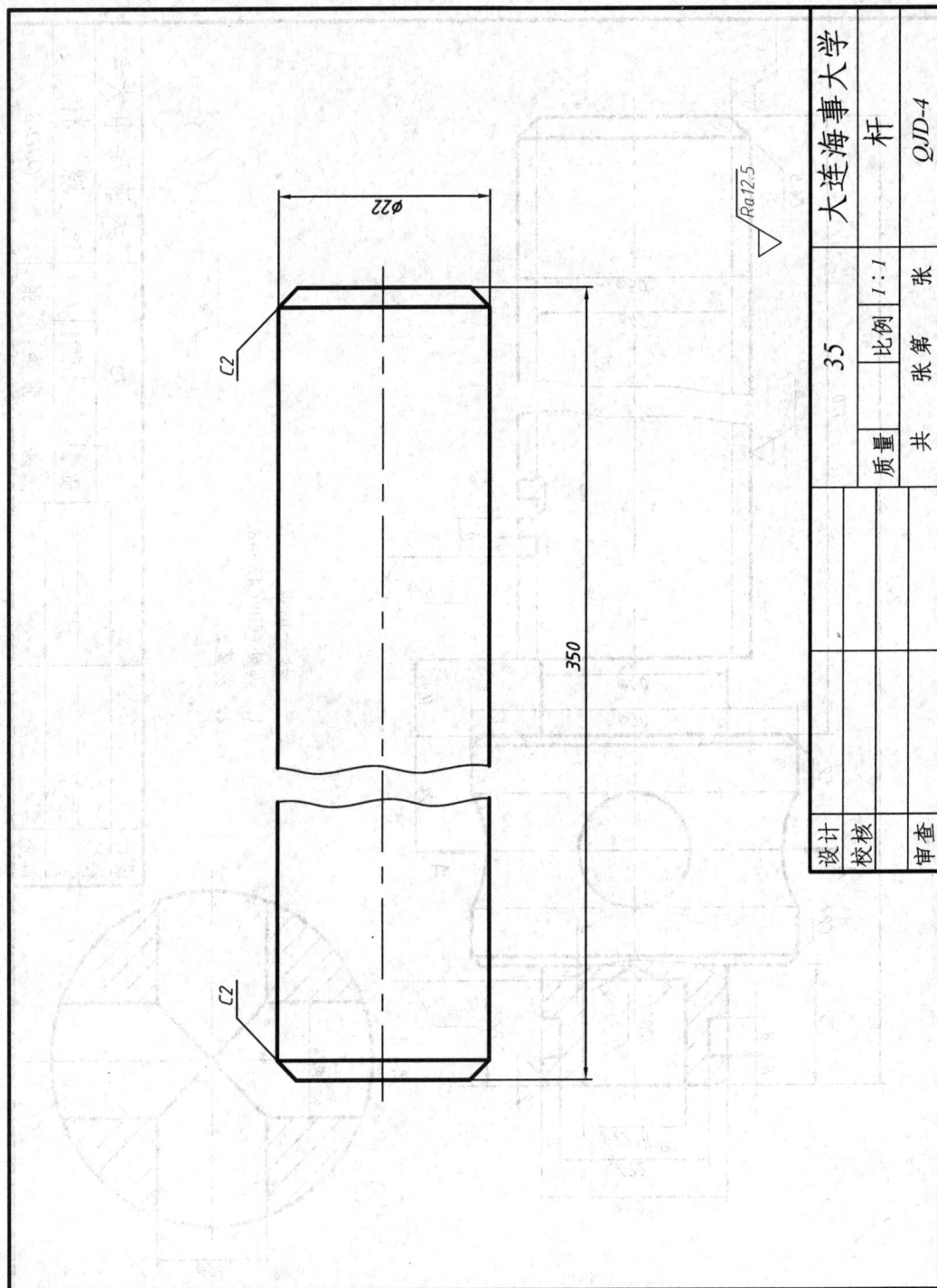

图3-4 杆

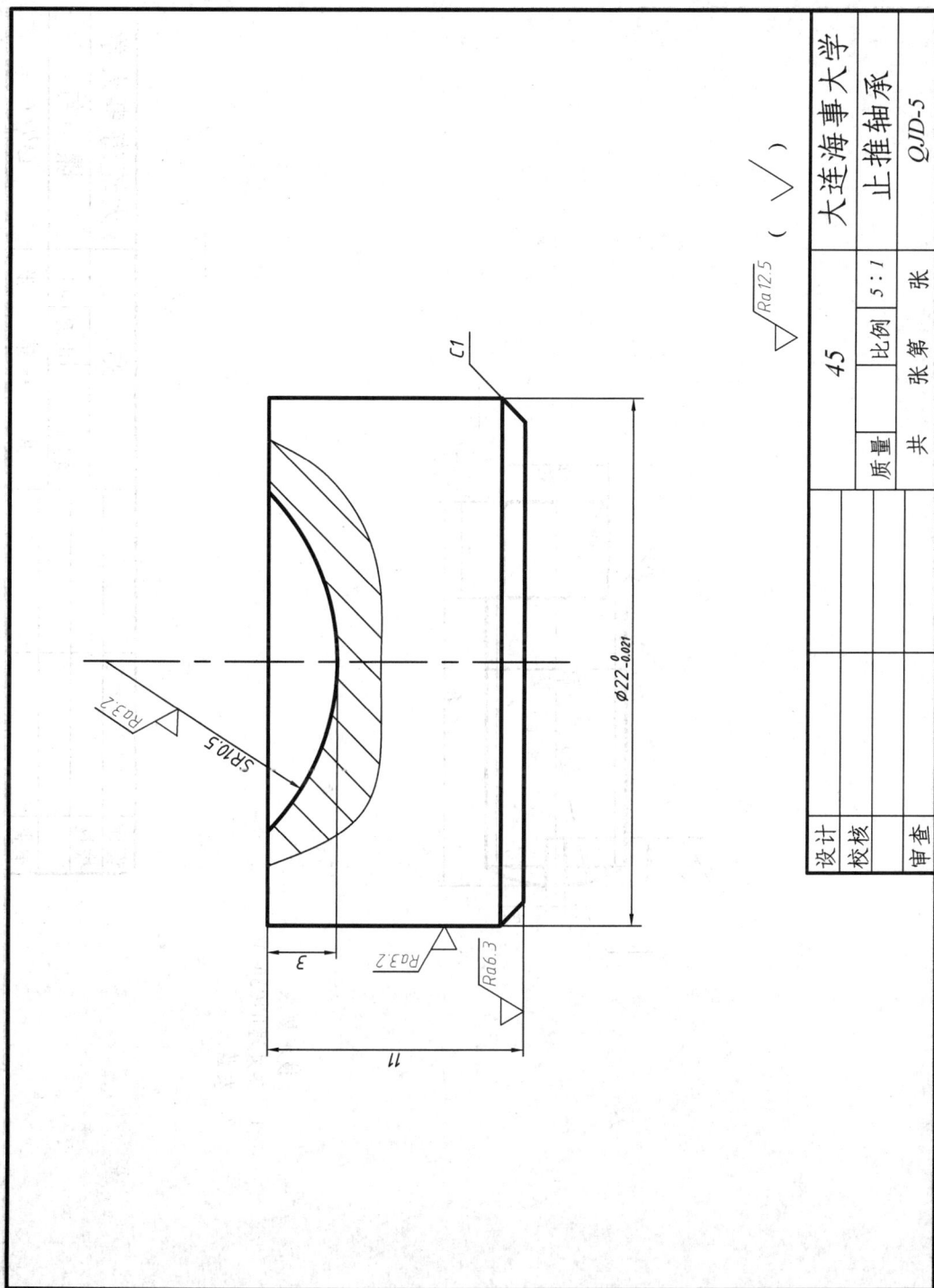

图 3-5 止推轴承

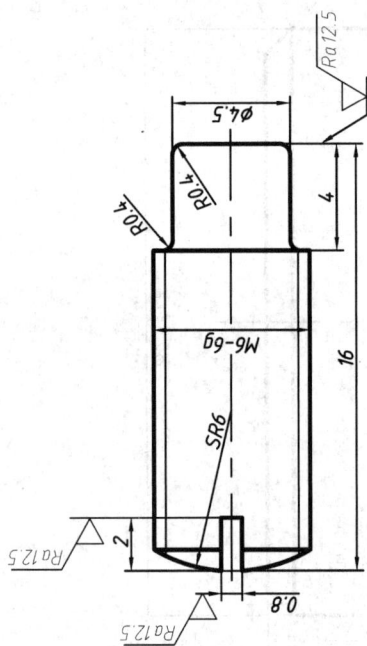

图 3-6　螺钉

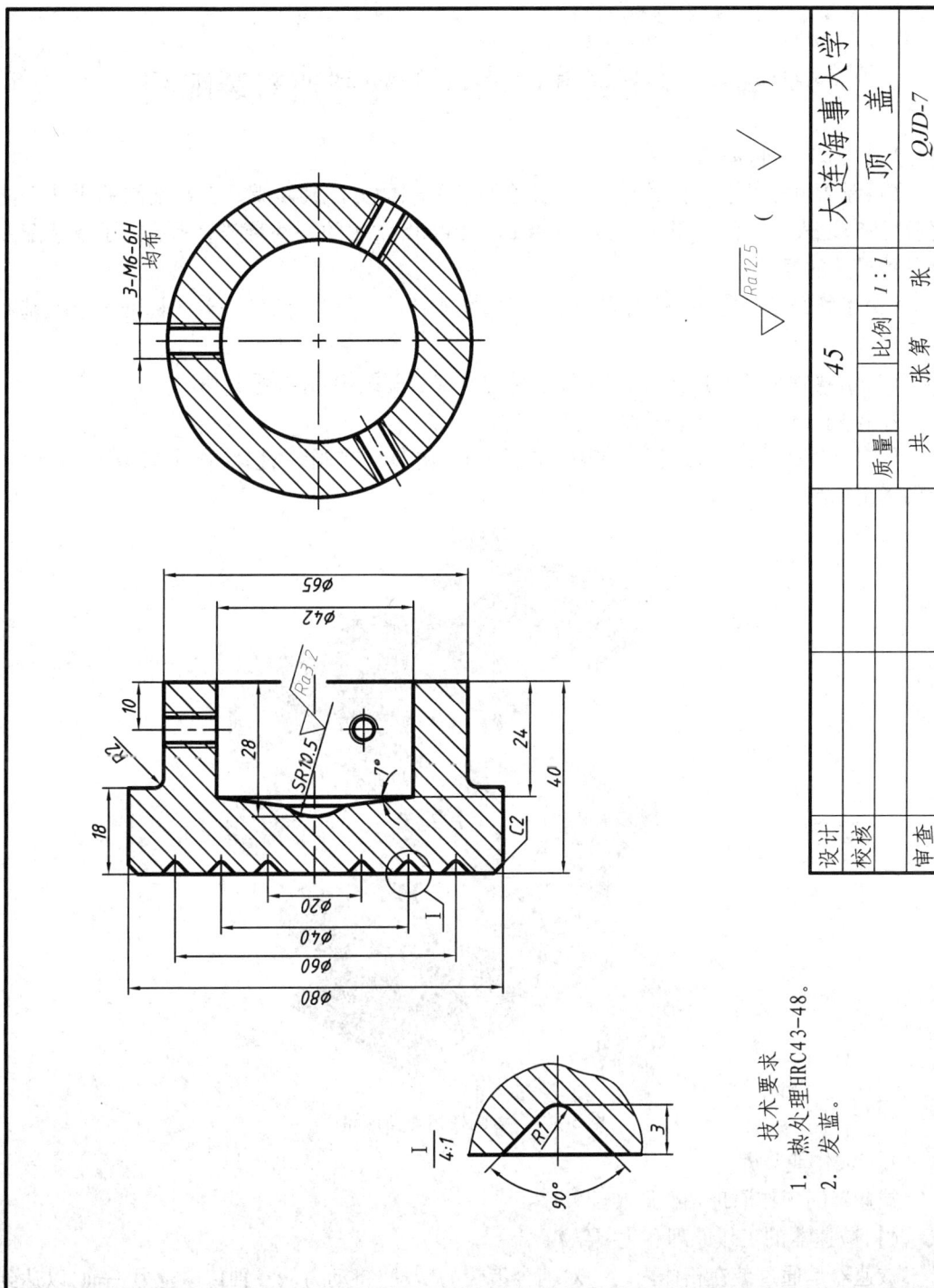

图 3-7 顶盖

实验二　绘制直齿圆柱齿轮减速器装配图

1.作业的目的与要求

(1)学习和了解装配图的作用,掌握绘制装配图的方法和步骤。在装配图的表达上能完整、清晰地表示工作原理、装配关系,并熟悉装配图常用的一些特殊表示法。了解装配图上各种尺寸的意义。

(2)了解公差与配合的基本概念,能识别并能正确地标注孔、轴公差的标准公差及基本偏差代号。

(3)了解轴承、密封、锁紧、调位等常见的典型装配结构,并熟悉其作用。

2.作业格式

根据直齿圆柱齿轮减速器(如图 3-8 所示)的零件图拼画装配图,采用 A2 横放图纸,图位的确定如图 3-9 所示。

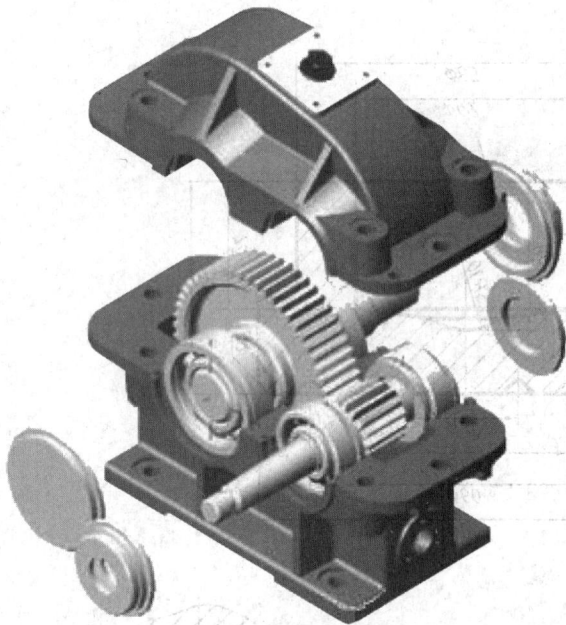

图 3-8　直齿圆柱齿轮减速器

3.完成作业步骤

减速器的工作原理及拆卸装配顺序:

(1)减速器的工作原理和主要结构

减速器是通过装在箱体内的一对啮合齿轮的转动,将动力从一轴传递至另一轴,以达到减速的目的。动力由发动机传送到齿轮轴,然后通过两啮合齿轮(小齿轮带动大齿轮)传送到从动轴,从而实现减速的目的。

减速器有两条轴系,即两条装配线。

箱体采用剖分式,沿两轴线平面分为箱座、箱盖,两者采用螺栓连接,这样便于拆装。

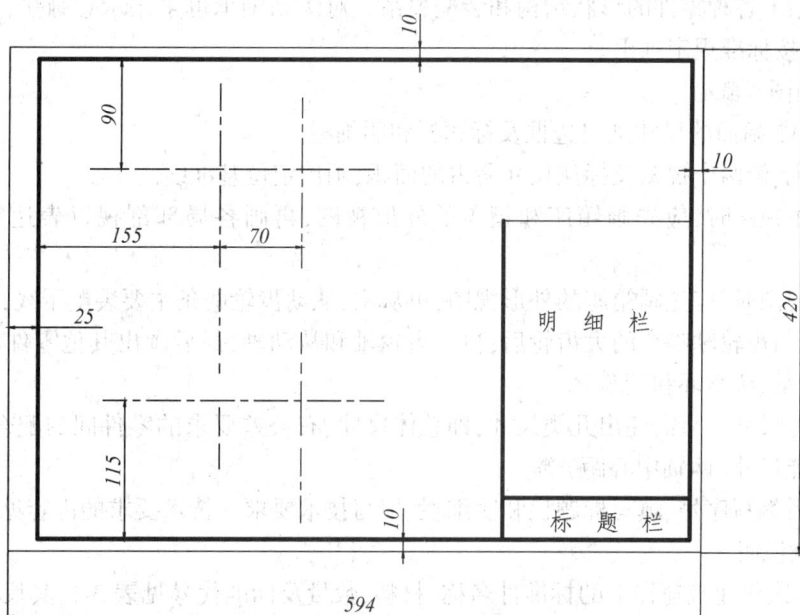

图 3-9 减速器零件图的图位

箱座下部为油池,油池内装有机油,是供齿轮润滑用的。

箱体前后对称,其上安置两啮合齿轮,轴承和端盖对称分布在齿轮的两侧。

箱座的左右两边各有两个成钩状的加强筋,做起吊运输用。

(2)减速器的拆卸装配顺序

首先观察减速器外部结构情况,了解各零件的用途、结构,其中包括检查孔盖、通风器、螺栓连接、圆锥定位销、油标、放油螺塞以及各种垫片等。

箱座与箱盖通过六个螺栓连接,拆下六个螺母,拧动螺栓即可将箱盖顶起拿掉。对于两轴上的零件,整个取下该轴系,即可一一拆下各零件。其他各部分拆卸比较简单,不再赘述。沿结合面打开箱盖后,观察减速器的内部结构情况,了解沿大、小齿轮轴系上装配的各种零件的形状、数量、装配关系和工作原理。

装配时,一般情况下将拆卸顺序倒转过来,后拆的零件先装,先拆的零件后装即可完成装配。

对于不可拆的零件,如过渡配合或过盈配合的零件,则不要轻易拆下。对拆下的零件应妥善保管,最好依序同方向放置,以免丢失或给装配增添困难。

通过拆装,对减速器各零件间的连接与固定、定位与调整、传动与配合、润滑与冷却等有一定了解。

(3)视图选择

为表达单级直齿圆柱齿轮减速器的工作原理、零件间的装配关系和主要零件的结构形状,可以选用两个基本视图来表达,见附图 2。

主视图,按减速器正常工作位置放置,主要表达它的外观结构形状,并对检查孔盖与通风器、定位圆锥销、盖座螺栓连接、放油塞、油标五个部分各做局部剖视以表达其装配关系。

俯视图,采用拆卸画法,即拆去螺栓和圆锥销等零件,将箱盖沿结合面移去,以表达大、小齿轮轴系上各种零件的形状结构和装配关系。对滚动轴承可采用示意画法,对两齿轮啮合的部分,按标准规定画出。

(4)画图步骤

①按 A2 幅面的尺寸画出边框及标题栏和明细栏。

②按主、俯两个视图及标注尺寸所占的面积,画出定位基准线。

③画主视图时,应先画箱座和箱盖的外形视图,再画各局部剖视以表达零件的装配关系。

画俯视图时,应先画箱座的外形视图,再从主、从动齿轮两条主要装配干线,由里向外扩展,可先画与齿轮轴啮合的大齿轮后,再画齿轮轴和从动轴,最后画出其他零件(挡圈、挡油板、滚动轴承、调整环和端盖)。

④标注尺寸。只需注出几类尺寸,即总体尺寸、有公差要求的零件间的配合尺寸、安装尺寸和性能尺寸(两轴中心距)等。

⑤最后编写序号、填写标题栏和明细栏、填写技术要求。技术要求的内容见附图 2。

4.几点说明

(1)本次作业减速器上的标准件名称、材料、数量及标准代号见表 3-1,其尺寸可在教材附录中查到。

表 3-1　标准件名称、材料、数量及标准代号表

名称	材料	数量	标准代号
螺栓 M8×65	A3	4	GB 5782—2000
螺栓 M8×25	A3	2	GB 5782—2000
螺母 M8	A3	6	GB 6170—2000
弹簧垫圈 8	65Mn	6	GB 93—1987
螺钉 M3×10	A3	4	GB 5783—2000
螺母 M10	A3	1	GB 6170—2000
键 10×20	45	1	GB 1095—2003
圆锥销 3×18	45	2	GB 117—2000

(2)滚动轴承按教材第 171 页图 8-30 中滚动轴承的通用画法画出,其尺寸如下:

滚动轴承 204　　$D=47$　$d=20$　$B=14$
滚动轴承 206　　$D=62$　$d=30$　$B=16$

(3)减速器中的油封(材料为毛毡)、孔盖下面的垫片(材料为石棉橡胶板)均无图,画图时自行表达。

(4)减速器中从动轴和齿轮的零件图分别见本书第二章中实验一和实验二中的零件图。

减速器装配图见附图 2;零件中的箱盖见附图 3,箱座见附图 4,从动轴见图 2-5,齿轮见图 2-10;其余零件见图 3-10~图 3-23。

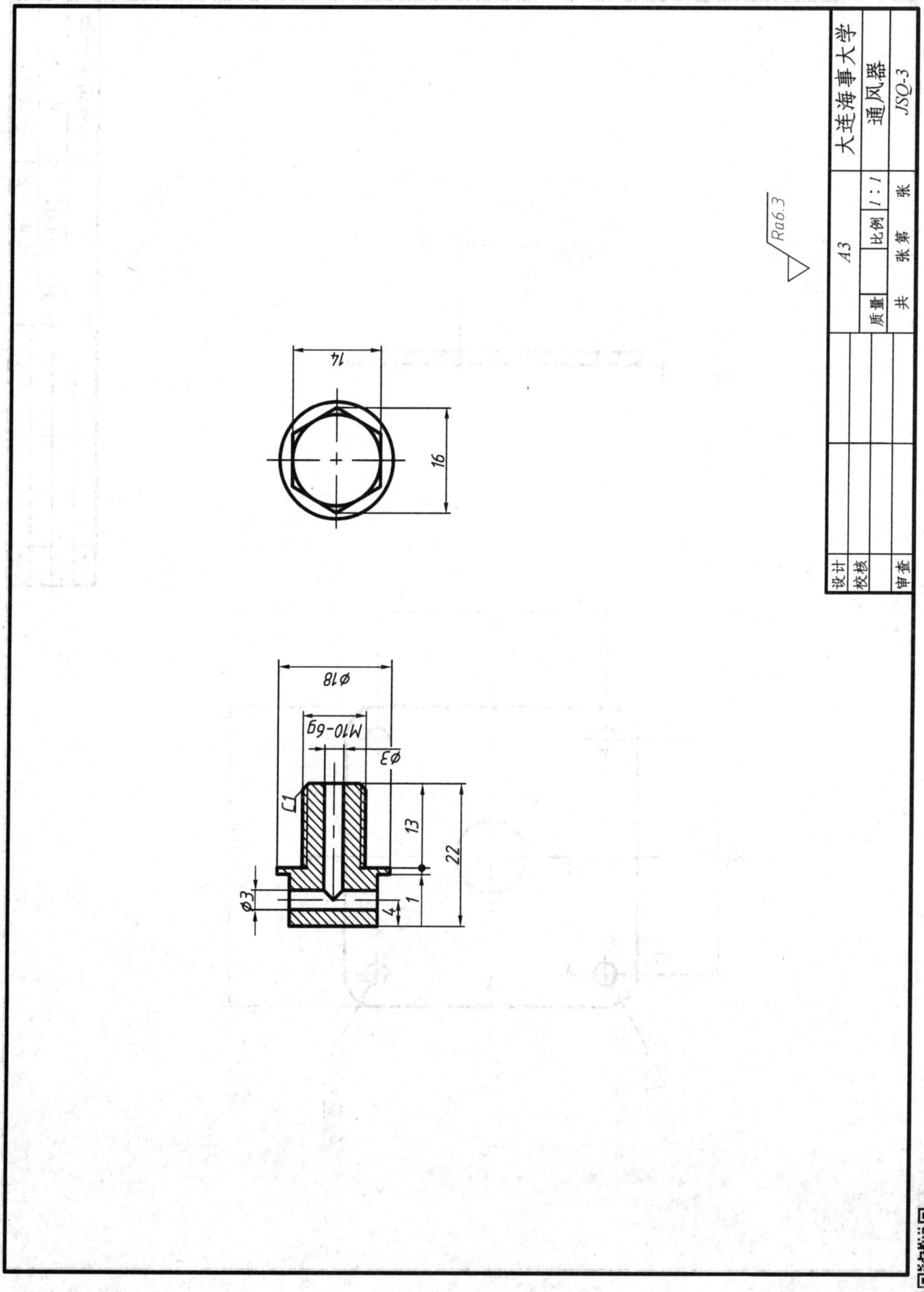

图 3-10　通风器

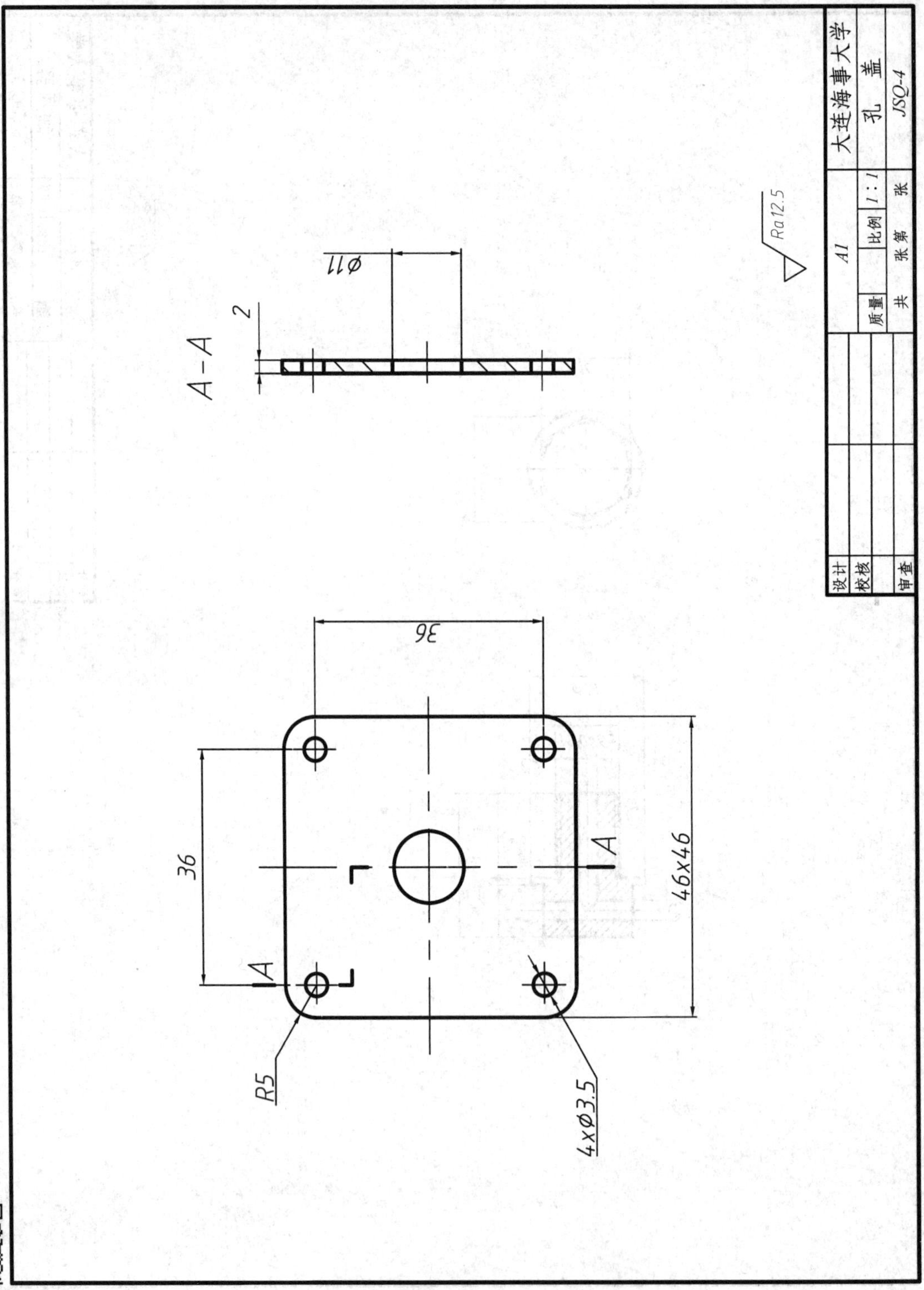

图 3-11　孔盖

图3-11 孔盖

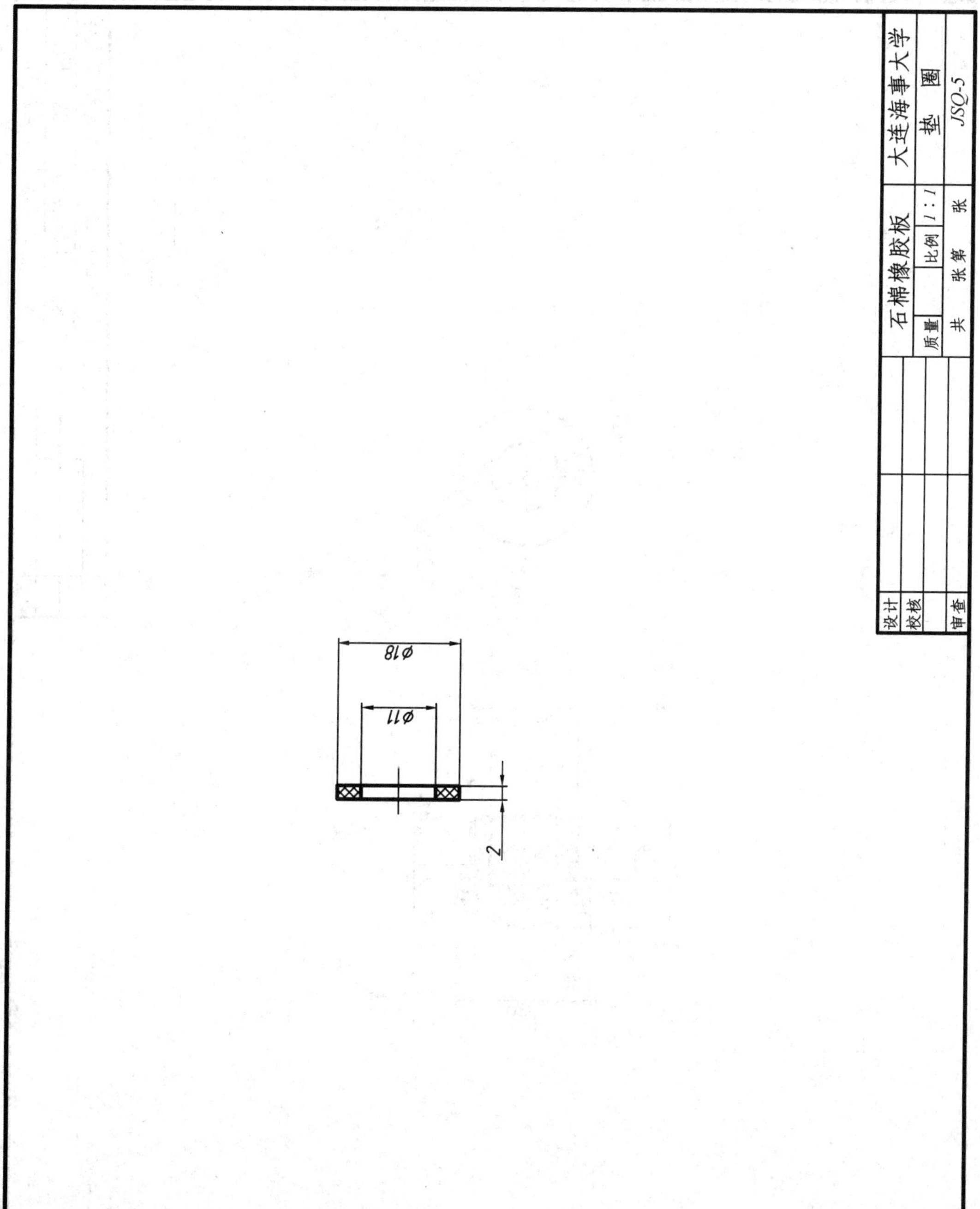

图 3-12 垫圈

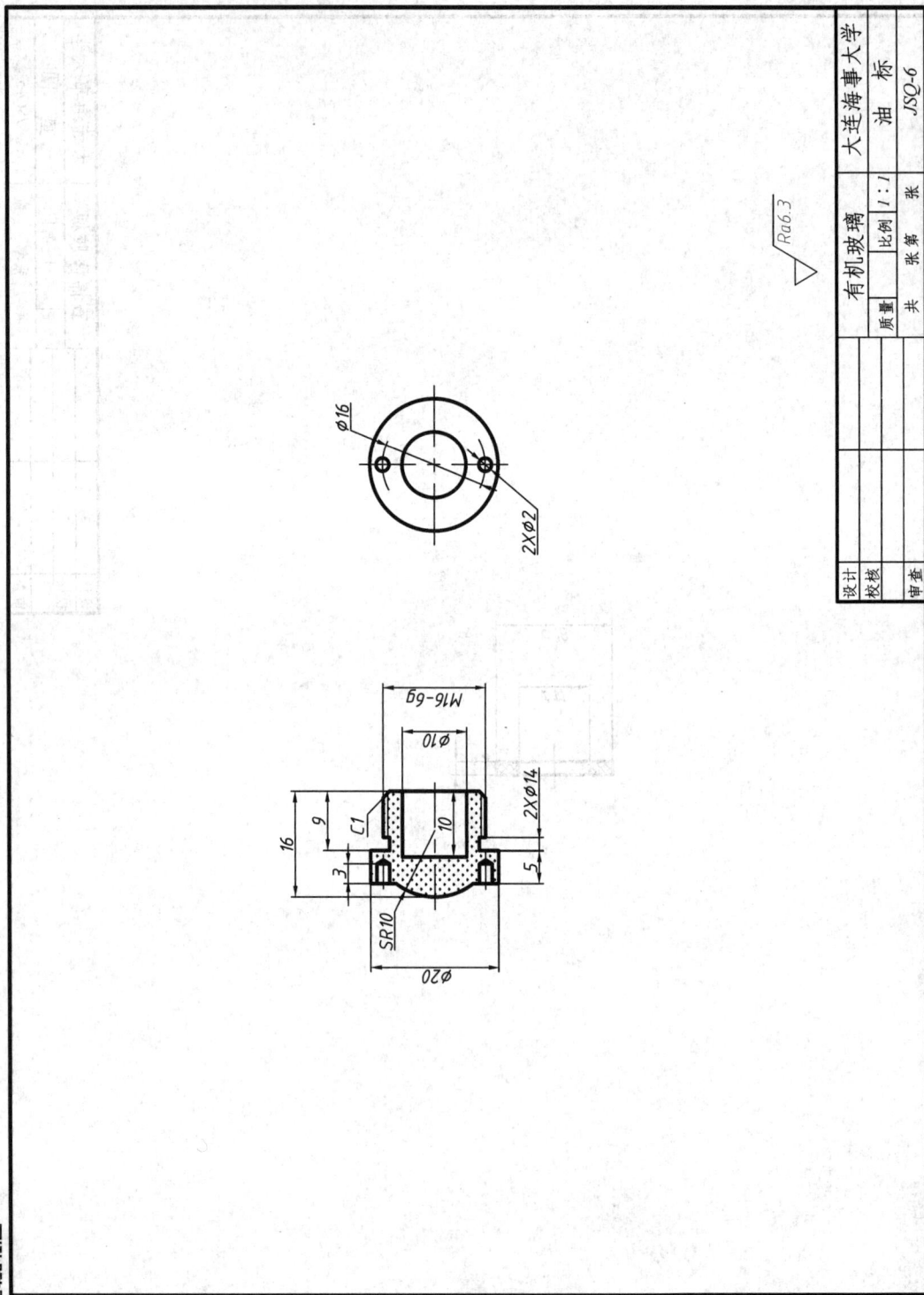

图 3-13 油标

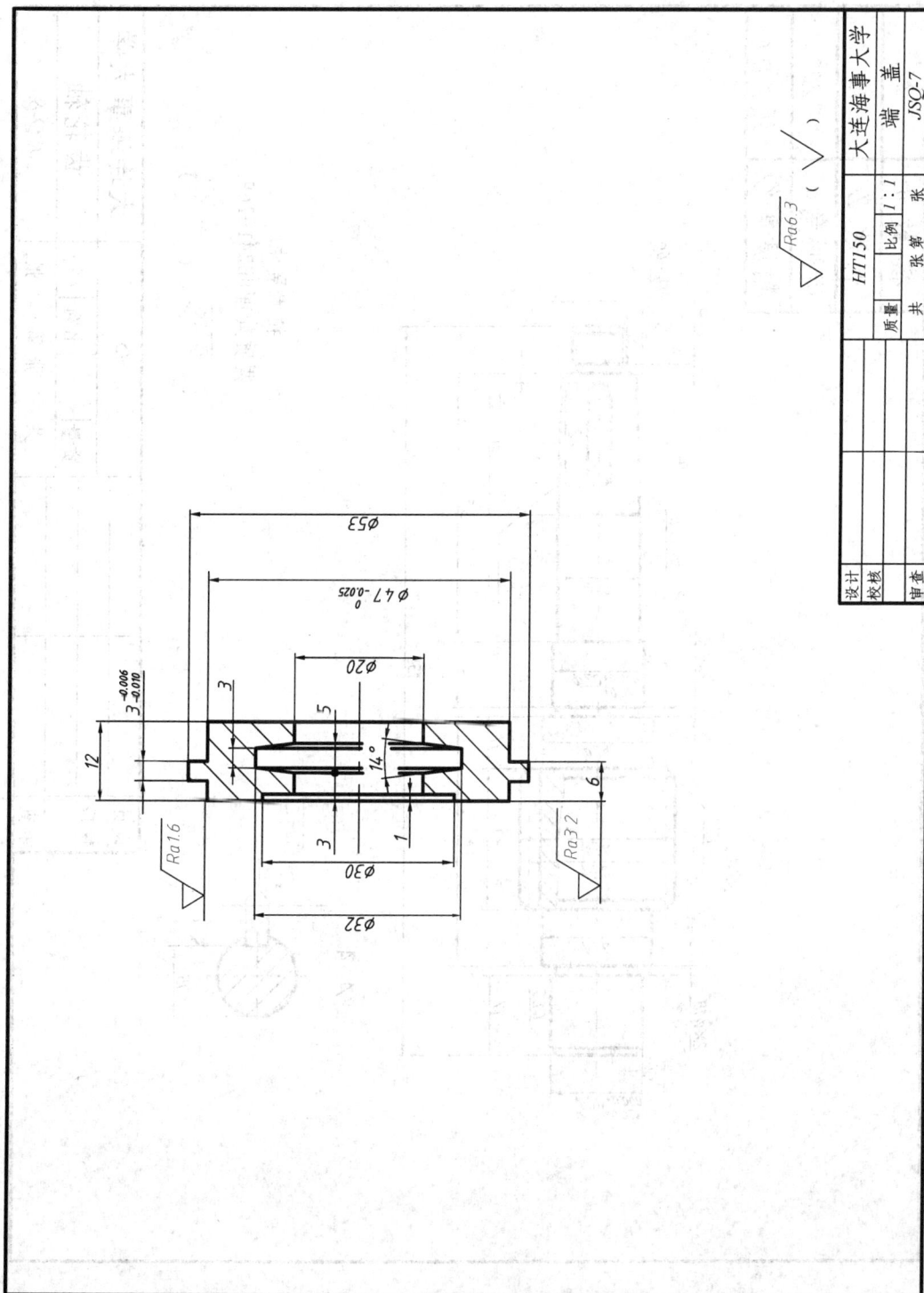

图 3-14 端盖

模　数 m	2
齿　数 Z	15
齿形角 α	20°
精度等级	级 7-D C

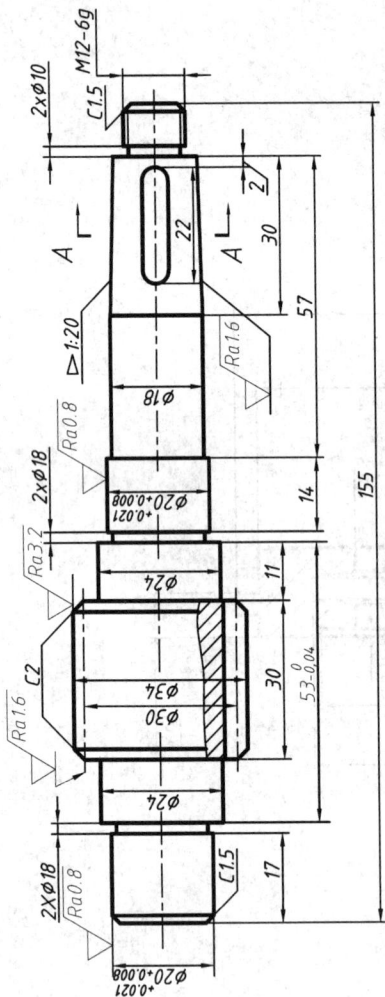

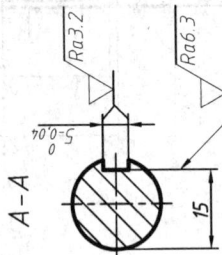

技术要求
调质处理HB241~269。

$\sqrt{Ra12.5}$ ($\sqrt{}$)

大连海事大学		
齿轮轴		
		JSQ-8
45	比例 1:1	
质量	共 张 第 张	
设计		
校核		
审查		

图3-15　齿轮轴

图 3-15　齿轮轴

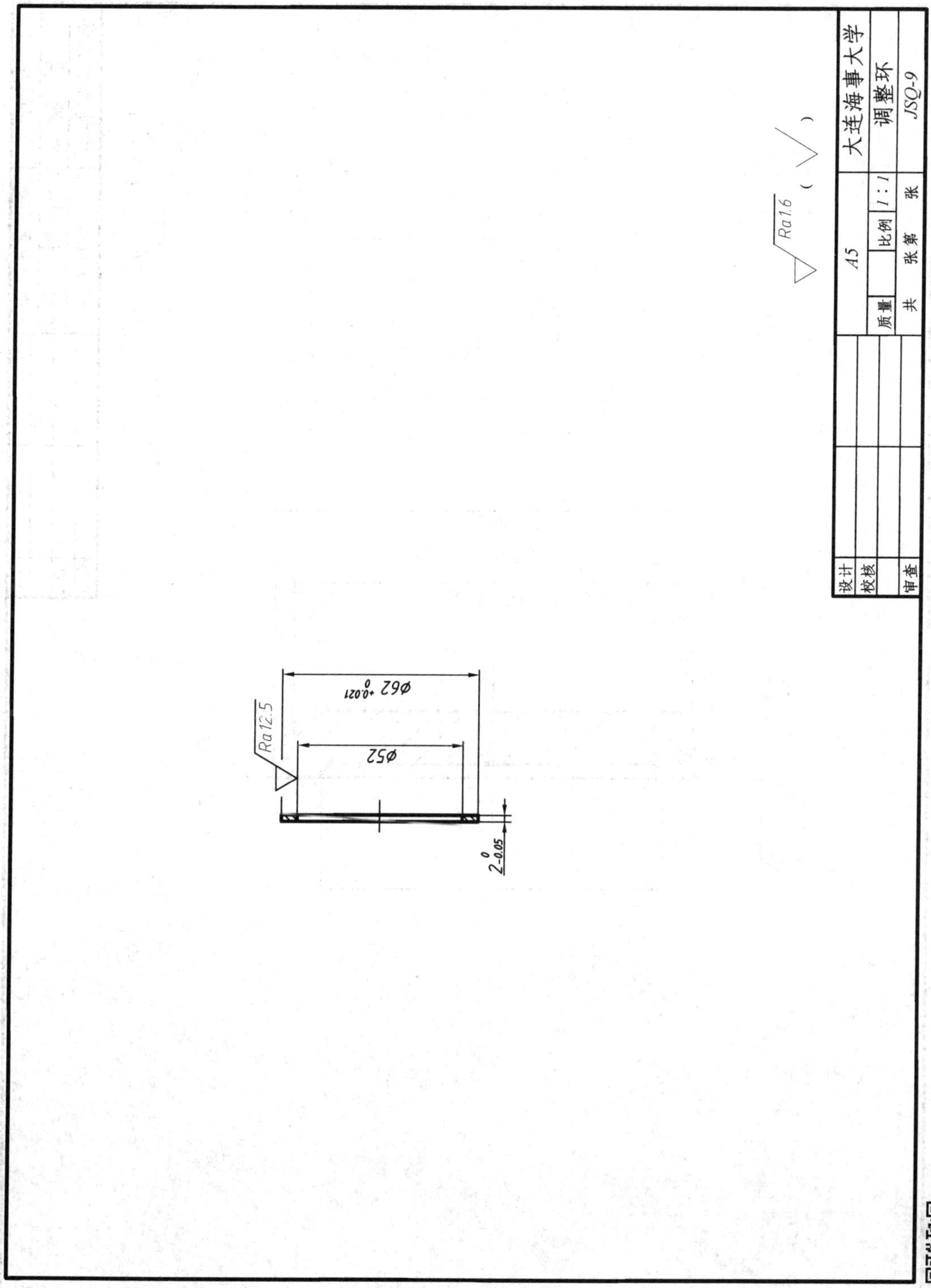

图 3-16　调整环

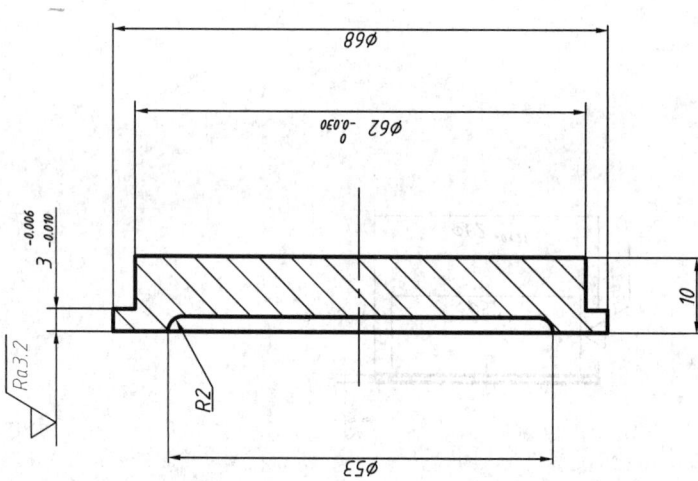

图 3-17 端盖

图3-17 端盖

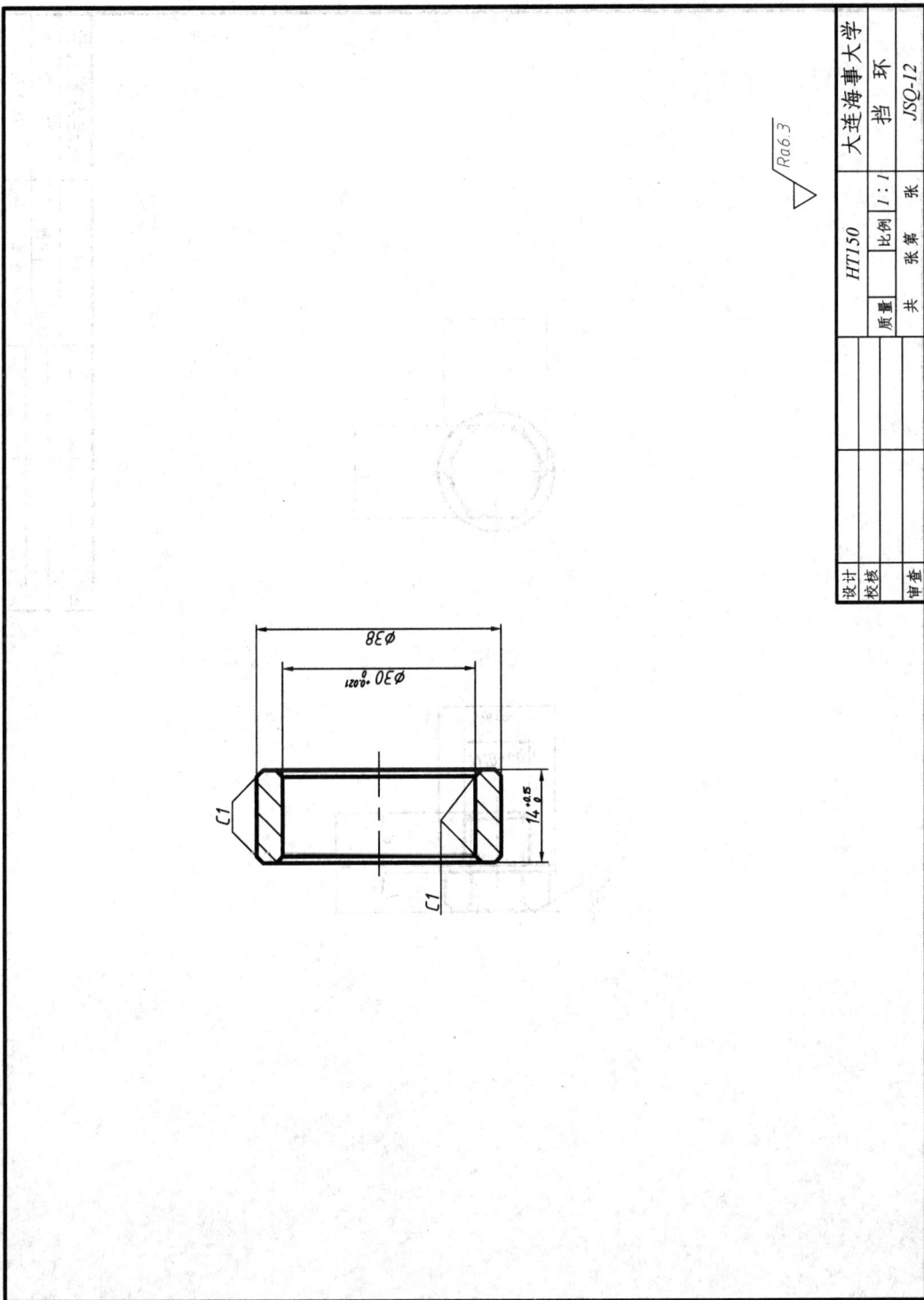

图 3-18 挡环

图3-18 挡环

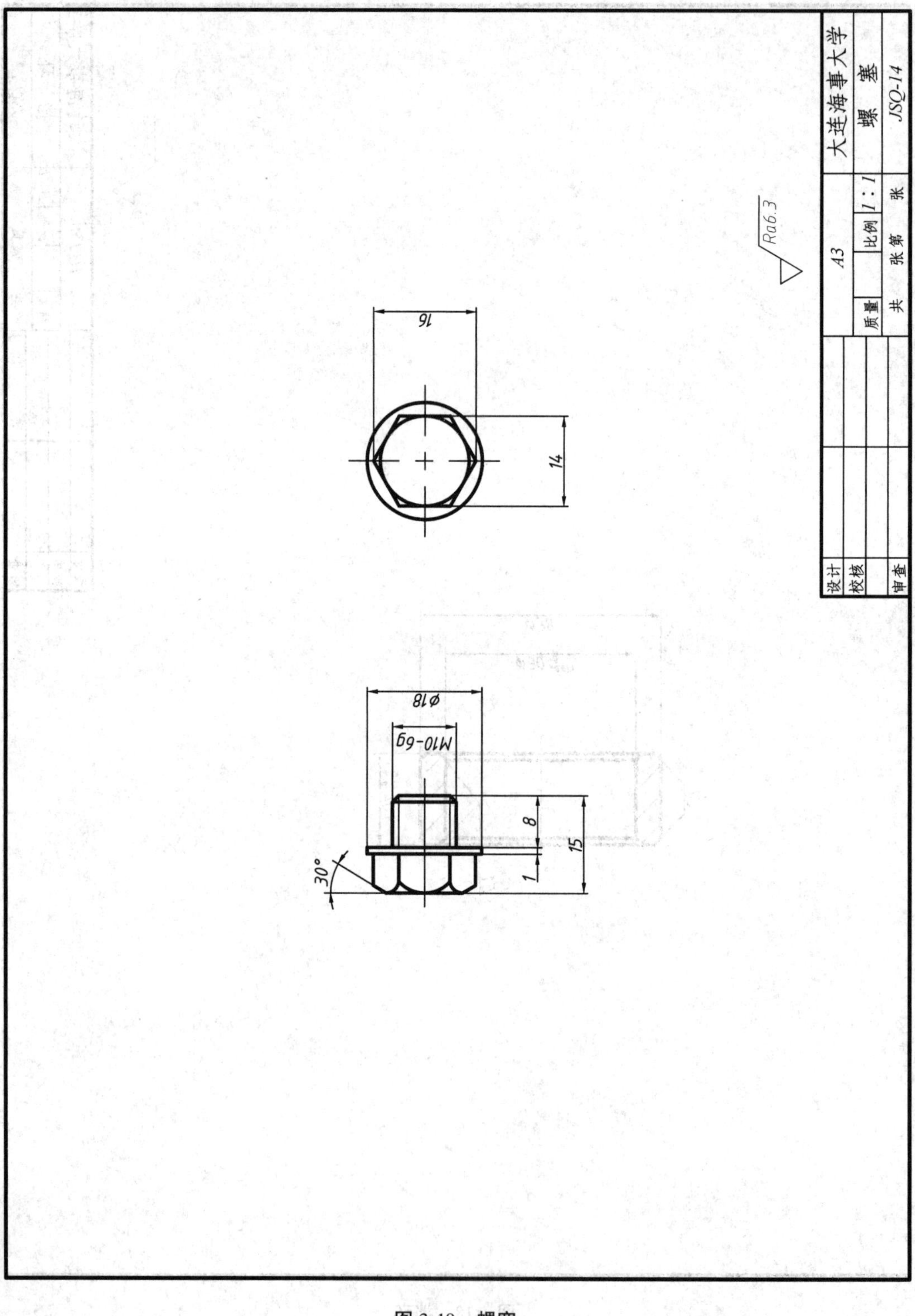

图 3-19　螺塞

图3-19 螺塞

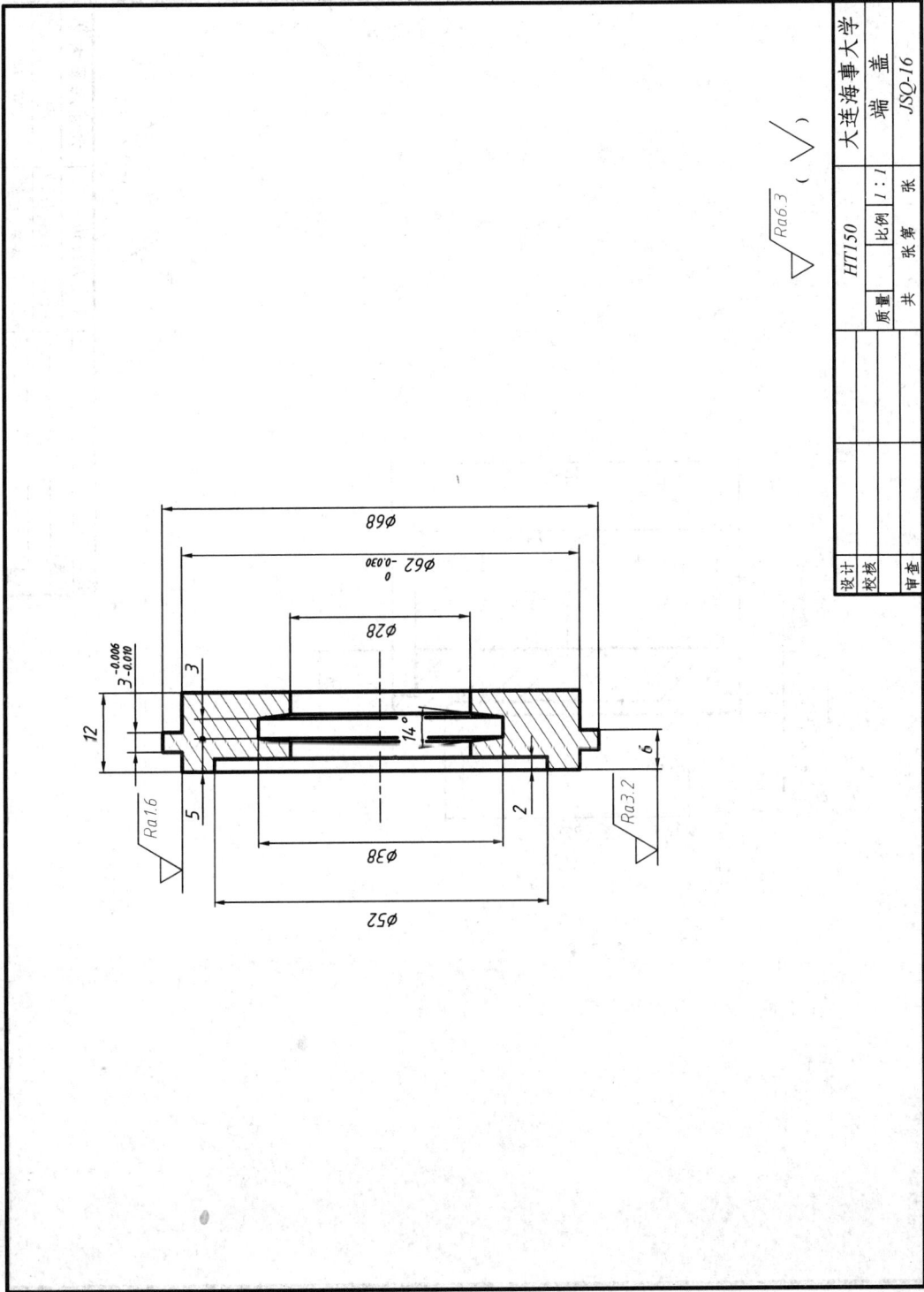

图 3-20 端盖

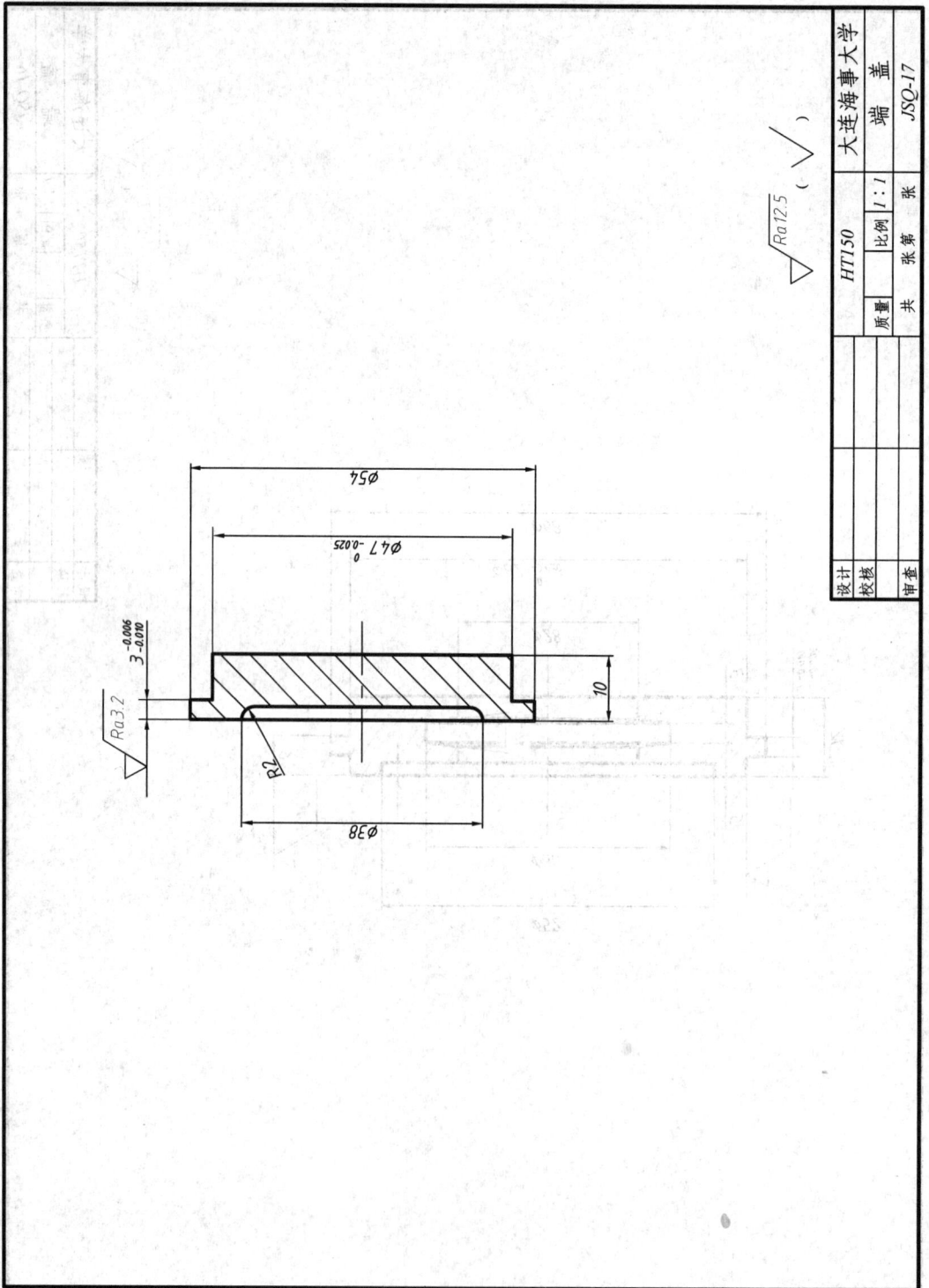

图3-21 端盖

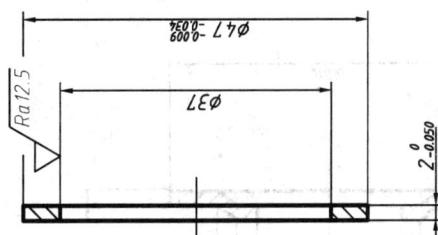

图 3-22　调整环

图3-22 调整环

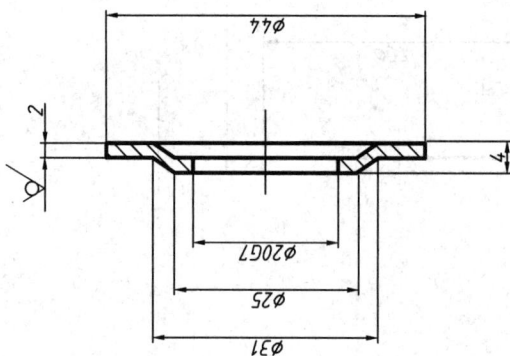

图 3-23　挡油盘

图3-23 挡油盘

参考文献

[1] 邹玉堂,路慧彪,刘德良.机械工程图学[M].2 版.北京:机械工业出版社,2021.

[2] 宋新萍,郝雯婧,王媛迪.机械零部件测绘[M].北京:机械工业出版社,2020.

[3] 刘炀,李学京,邹玉堂,等.机械工程图学中标准教学指南:T/SCGS 301001−2019[S].北京:中国图学学会,2019.

[4] 王槐德.机械制图新旧标准代换教程[M].修订版.北京:中国标准出版社,2004.

参考文献